青少年身边的环保丛书

QINGSHAONIAN

SHENBIAN DE HUANBAO CONGSHU

图文并茂　　热门主题　　创意无限

U0655211

低碳生活 与环境保护

谢芾 主编

APETIME
时代出版

时代出版传媒股份有限公司
安徽文艺出版社

图书在版编目（ＣＩＰ）数据

低碳生活与环境保护 / 谢苇主编. — 合肥：安徽
文艺出版社，2012.2（2024.1重印）
（时代馆书系·青少年身边的环保丛书）
ISBN 978-7-5396-3930-7

Ⅰ．①低… Ⅱ．①谢… Ⅲ．①节能－青年读物②节能
－少年读物③环境保护－青年读物④环境保护－少年读物
Ⅳ．①TK01-49②X-49

中国版本图书馆 CIP 数据核字 (2011) 第 217064 号

低碳生活与环境保护

DITAN SHENGHUO YU HUANJING BAOHU

出 版 人：朱寒冬

责任编辑：周 康　　　　　　　装帧设计：三棵树　文艺

出版发行：安徽文艺出版社　　www.awpub.com
地　　址：合肥市翡翠路 1118 号　　邮政编码：230071
营 销 部：(0551)3533889
印　　制：唐山富达印务有限公司　电话：(022)69381830

开本：700×1000　1/16　印张：10　字数：137 千字
版次：2012 年 2 月第 1 版
印次：2024 年 1 月第 4 次印刷
定价：48.00 元

前　言
PREFACE

　　曾经，整个地球都呈现出一片和谐的景象。人类的周围到处是郁郁葱葱的森林和草地，天空和大海都是一片蔚蓝的颜色，鸟儿在天空中自由地飞翔，鱼儿在水里快乐地游着，其他动物在陆地上快活地奔跑……

　　而如今，在世界上许多地方，森林被大量地砍伐，河流和海洋被肆意地污染，野生动物被无情地杀戮……大量有毒、有害物质在环境中扩散、迁移、积累和转化。自然环境正在遭受严重地破坏，生态平衡也被打破了。继之而来的是人类生存环境的恶化，全球性的食物短缺……

　　单是化石燃料的开发与利用这一项就造成了一系列的环境和生态问题。随着机械化、电气化、自动化程度的不断提高，人们生产、生活对能源的需求量越来越大。目前，人类所需要的能源主要由化石燃料提供。这也是对环境造成严重污染的主要原因。据统计，全世界每年流入海洋的石油多达1000多万吨，重金属几百万吨，还有数不清的生活垃圾。由于水域的污染，全球每年有2500多万人无辜地失去生命。化石燃料燃烧时向大气排放的二氧化碳、二氧化硫、一氧化碳、硫化氢和颗粒物质等污染物也越来越多。由此而造成的臭氧层破坏、酸雨等大气问题无不让人类自食其果。

　　随着这些生态和环境问题的日益突出，人类终于意识到，人类自身的生存正遭受威胁，我们不得不做出一些改变。在这种背景下，低碳生活作为一种生活方式开始在一些国家兴起。所谓的低碳生活，就是尽量减低二氧化碳的排放，它是一种低能量、低消耗、低成本的生产、生活方式。如今，这股风潮已经从国外走到国内的一些大城市，潜移默化地改变着人们的生活。低碳生活更健康、更自然、更安全，它是人类返璞归真地与自然进行平等对话的一种生活方式，也是最为直接有效的一种环保方式。

低碳生活不是哪一个人的责任，它是全人类为保护地球而自发兴起的一种自我约束。因为地球是人类唯一的家园，保护地球上的生态和环境就是保护人类自己。低碳生活涉及生产、生活的方方面面，目前，人们主要是从传统技术改造、节约能源、减少污染物排放、提升个人在环保中的作用等方面来演绎低碳，保障人类幸福生活的。

Contents
目 录

化石能源的节能改造与环保

全球十大环境问题 …………………………………… 2

能源危机困扰全球 ………………………………… 3

节能是环保的重要途径 …………………………… 4

煤炭的高效利用与环保 …………………………… 6

洁净煤技术与环保 ………………………………… 12

石油的清洁生产与环保 …………………………… 22

发展清洁环保的天然气产业 ……………………… 27

全球行进在节能减排之路上

保护环境的节能减排 ……………………………… 33

减排温室气体的清洁发展机制 …………………… 36

二氧化碳的回收与利用 …………………………… 40

世界减排温室气体的努力 ………………………… 47

低碳生活与可再生能源的利用

开发清洁环保的太阳能 …………………………… 54

合理安全地利用核能 ……………………………… 66

清洁干净的海洋能 ………………………………… 73

风能的开发史及发展前景 ………………………… 80

地热能的开发与利用 ………………………………… 85

让垃圾处理变得环保起来 ……………………………… 91

节能又环保的秸秆发电 ………………………………… 93

"点亮"新农村的沼气 ………………………………… 97

打造低碳环保的绿色交通网络

节能环保的铁路运输 …………………………………… 103

绿色汽车的研究与发展 ………………………………… 108

未来的新型交通工具 …………………………………… 112

低碳环保的绿色交通 …………………………………… 116

环境保护，从低碳生活开始

低碳生活，从我做起 …………………………………… 123

引导绿色时尚的产品 …………………………………… 126

让家电节能又环保 ……………………………………… 128

营造低碳的办公环境 …………………………………… 134

高效环保的绿色照明 …………………………………… 136

节能型住宅和绿色建筑 ………………………………… 139

回归大自然的绿色旅游 ………………………………… 148

注重环保的农药与肥料 ………………………………… 150

化石能源的节能改造与环保

化石能源是由古代生物的化石沉积，经过一系列的化学和物理反应而形成的一次能源，主要包括煤炭、石油和天然气。化石能源是目前全球消耗的最主要能源，2006 年，全球消耗的能源中，化石能源的比例高达 87.9%，我国的比例高达 93.8%。

随着人类的不断开采，做为一次能源的化石能源的枯竭不可避免。而且，化石能源的开发和使用都会造成一些严重的环境问题，如排放大量的温室气体，威胁全球生态。为此，分析化石能源产生污染的原因，寻求有效的对策，根除或减轻化石能源污染，加强环境保护就成了人类不得不面对的一个迫切任务。

开发清洁无污染的清洁能源自然是一条可行之路。不过，开发新能源不但需要大量的资金和技术支持，也需要一个过程。在新能源尚未大规模应用的阶段，节能改造，减轻化石能源对环境的影响就显得尤为重要了！

全球十大环境问题

当今世界正面临着十大环境问题：

（一）全球气候变暖。二氧化碳、甲烷等温室气体阻止地球表面热量散发，气候变暖引起两极冰川融化，导致海平面上升，使沿海地区受淹。

（二）臭氧层被破坏。臭氧层能吸收太阳紫外线。人类工业和生活活动中排放的臭氧层损耗物质会破坏臭氧层，导致人类皮肤癌和白内障的发病率升高。

（三）生物多样性减少。主要原因是过度捕猎、工业污染等。生物多样性的减少将逐渐瓦解人类生存的基础。

（四）酸雨蔓延。大量二氧化硫、氮氧化物等排入大气，在降雨时溶解在水中，即形成酸雨。酸雨具有腐蚀性，会损害农作物，导致湖泊酸化，鱼类死亡。

（五）森林锐减。人类的过度采伐，加上森林火灾使得森林面积锐减。森林减少导致水土流失、洪灾频繁等恶果。

（六）土地荒漠化。过度放牧、采矿、修路等人类活动使草地退化。目前，全球荒漠化土地面积几乎相当于俄罗斯、加拿大、美国和中国国土面积的总和。

（七）资源短缺。其中最严重的是水资源、耕地资源和矿产资源短缺。目前全球约1/2人口受到缺水的威胁。工业城市建设工程在不断占用耕地，这使人类正面临耕地不足的困境。

（八）水环境污染严重。工业污水使得原本清澈的水体变黑发臭，细菌滋生。在我国，七大水系的水源只有不到30%能满足饮用水水源的水质标准。

（九）大气污染。悬浮颗粒被人体吸入，容易引起呼吸道疾病。二级空气标准适合人类生活。

（十）固体废弃物成灾。固体废弃物包括城市垃圾和工业固体废弃物。垃圾中含有有害物质，任意堆放会污染周围空气、水体，甚至地下水。

能源危机困扰全球

20世纪50年代以后，由于石油危机的爆发，对世界经济造成巨大影响，国际舆论开始关注起世界"能源危机"问题。许多人甚至预言：世界石油资源将要枯竭，能源危机将不可避免。如果不作出重大努力去利用和开发各种能源资源，那么人类在不久的未来将会面临能源短缺的严重问题。

世界能源危机是人为造成的能源短缺。石油资源将会在一代人的时间内枯竭。它的蕴藏量不是无限的，容易开采和利用的储量已经不多，剩余储量的开发难度越来越大，到一定限度就会失去继续开采的价值。在世界能源消费以石油为主导的条件下，如果能源消费结构不改变，就会发生能源危机。煤炭资源虽比石油多，但也不是取之不尽的。代替石油的其他能源资源，除了煤炭之外，能够大规模利用的还很少。太阳能虽然用之不竭，但代价太高，并且在一代人的时间里不可能迅速发展和广泛使用。其他新能源也如是。因此，人类必须估计到，非再生矿物能源资源枯竭可能带来的危机，从而将注意力转移到新的能源结构上，尽早探索、研究开发利用新能源资源。否则，就可能因为向大自然索取过多而造成严重的后果，以致使人类自身的生存受到威胁。

我国在发展经济中同样面临着严峻的能源短缺问题。我国的石油资源量占世界的3.5%，人口却占世界的22%；我国水资源总量占世界水资源总量的7%，人均水资源拥有量仅为2200立方米，只及世界平均水平的1/4，被列为全球13个人均水资源贫乏的国家之一；土地资源占世界的6.8%，却养活了占世界22%的人口。

节约能源

我国经济的发展不应以牺牲环境为代价。目前相当一部分企业，

特别是中小企业，对环境治理和削减污染物排放投入很少，或者根本不进行投入。资源和能源被大量消耗的同时，也带来污染物的大量排放。

知识点

自然资源分类

科学家将人类所利用的自然资源可分为两类：一是不可再生资源，二是可再生资源。不可再生资源是指被人类开发利用一次后，在相当长的时间，甚至千百万年之内都不可自然形成或产生的物质资源。这类资源包括自然界的各种金属矿物、非金属矿物、岩石、石油、天然气等。

可再生资源是指被人类开发利用一次后，在一定时间，如一年内或数十年内就通过天然或人工活动可以循环地自然生成、生长、繁衍，有的还可不断增加储量的物质资源。这类资源包括地表水、土壤、植物、动物、水生生物、微生物、森林、草原、空气、阳光、气候资源和海洋资源等。

节能是环保的重要途径

在诸多资源消费中，能源消费是不可或缺的，而且其人均消费量在不断上升；环境污染的很大一部分，来自能源生产和消费过程中排放的废弃物。因此，节约能源与保护环境之间有着十分密切的关系。

我国能源消费结构以煤炭为主，煤炭消耗产生的污染强度比石油和天然气等能源要大得多。在农村地区，能源结构多以林木、薪柴等生物质能为主，这种消耗也是造成生态破坏的重要原因。可见，节能不仅具有节约资源的意义，而且具有保护环境的作用。

实践表明，不只是直接节能可以起到保护环境的作用，尽可能地减少产品消费同样有利于保护环境。这是因为所有产品的生产都要消耗能源。广义的节能，应当包括后者。节能与环保之间的紧密关系告诉我们，在生产和生活的每一个环节都大力推广节能降耗技术，从一点一滴做起节约资源，同时

也是在保护环境。

在具体实践中，最重要的节能途径是从生产生活的基础环节中包括城市规划、建筑和产品设计等开始采取节能措施。科学的城市规划，可以提高城市建设效率，减少拆迁和网管重复建设，减少浪费；良好的城市交通网络设计，可以提高车辆通行效率，减少道路堵塞，减少油耗；先进的建筑设计和节能材料、节能设备、节能器具的应用，可以大大降低电力和水的消耗；合理的生产工艺和厂房布局设计，可以大大提高物流和能量流的效率；高耗能企业的能量梯级循环利用设计，可以实现能源的循环利用。这些基于生态设计的广义节能措施，效果大大优于强行节能办法。

当前，在节能方面还存在一些障碍。例如，由于节能材料和节能器具的成本比较高，房地产开发商为了降低成本，通常倾向于使用低价格、低能源效率的落后产品，这使得节能材料和节能器具得不到广泛应用。因此，从节能和环保相统一的角度出发，应全面推行强制的建筑节能标准以及建筑材料、器具的能耗和技术效率标准。节约能源的投入，是对环境保护投入的替代，是从源头减少污染产生的举措，也是最为有效的环境保护。

节能已被称为世界第五大能源，它不仅可以缓解能源供需矛盾，促进经济持续、快速、健康的发展，而且是减少有害气体排放、降低大气污染的最现实、最经济的途径。

作为我国国民经济支柱产业的石油化工行业，既是产能大户，同时也是耗能大户。据统计，石油石化行业年能耗量达到 2.7 亿吨标准煤，万元产值能耗高达 3.5 吨标准煤，是其他行业的两至 3 倍。2006 年，为了实现"十一五"节能环保的总目标，中国石油、中国石化和中国海油纷纷推出能源节约方案。经估算，三大石油公司在 2006 年节约能源折合 350 万吨标准煤，节水 1 亿立方米，相当于减排二氧化硫 3.5 万吨，减排化学需氧量（COD）9600 吨。

通过节能，既能实现节约能源、提高能源的利用效率的目的，同时又减少了污染物的排放，在很大程度上缓解了能源资源不足带来的危机。

节能不仅仅是提高了资源的利用效率，同时也意味着创造效益——经济效益和环境效益。

　　为防止地球温室效应,爱普生公司采取多种节能措施,致力于减少因消耗能源而产生的二氧化碳排放量。其中,最重要的就是对占公司能源消耗总量70%的电子设备生产工序进行改进,使二氧化碳排放量下降了54.9%。2005年,爱普生公司"液体成膜技术"在"高温多晶硅 TFT 液晶面板"生产过程中的应用,从根本上改变了传统"光刻法"制造电子元器件严重浪费材料和能源、并产生大量废弃物的问题。而且爱普生移动液晶投影仪 EMP - 740在能源利用率方面的卓越表现更是令人刮目相看,较之以前的产品,EMP - 740 的亮度提高了4倍,而消耗电量却只有从前的1/4。这些节能环保产品既有利于扩大市场份额,增强社会美誉度,也给企业带来更大的经济效益。

　　节能环保在节约能源和创造效益方面的作用是显著的,但是要达到节能环保的目的,必须要通过发展循环经济和高新技术来实现。

···**➤➤**知识点

温室效应

　　温室效应,又称"花房效应",是大气保温效应的俗称。大气能使太阳短波辐射到达行星表面,但行星表面向外放出的长波热辐射线却被大气吸收,这样就使行星表面与低层大气温度增高。因其作用类似于人类栽培农作物的温室,故名温室效应。

　　温室效应在地球上尤其明显。自工业革命以来,人类向大气中排入的二氧化碳等吸热性强的温室气体逐年增加,大气的温室效应也随之增强,已引起全球气候变暖等一系列严重问题,引起了全世界各国的关注。

■■ 煤炭的高效利用与环保

　　中国是世界上最大的煤炭生产国和煤炭消费国。煤炭是中国的主要一次能源,是国民经济的重要支柱。但是,不可否认,煤炭在开发、利用、运输等过程中产生的污染,对环境造成的严重影响,已引起国人和周边国家的关

注。为此，分析煤炭污染产生的原因，寻求有效的对策，减轻煤炭污染，加强环境保护势在必行。煤在燃烧过程中主要造成的是空气污染，它产生的许多有害气体，主要有二氧化硫、硫化氢、一氧化氮等，其中二氧化硫是最多的。

全国约有 50 万台工业锅炉，年耗煤约 3.5 亿吨，锅炉平均热效率仅 60% 左右，原因是锅炉容量小、效率低、污染大、煤耗高。国外单台工业锅炉容量一般为 30 ~ 130 吨/时，机械化、自动化程度高，除尘及水处理设备好，因而热效率高，大气污染大为减轻。我国应采取热电联供、集中供热或分片供热系统以取代分散的小锅炉，不仅有利于降低煤耗，也有利于改善环境卫生。

热电联产是指同时生产电、热能的工艺过程，较之分别生产电、热能方式节约燃料。发电厂既生产电能，又产生热能，利用汽轮发电机作过功的蒸汽给用户供热的生产方式，叫做热电联产。以热电联产方式运行的火电厂称为热电厂。对外供热的蒸汽源是抽汽式汽轮机的调整抽汽或背式汽轮机的排汽，压力通常分为 0.78 ~ 1.28

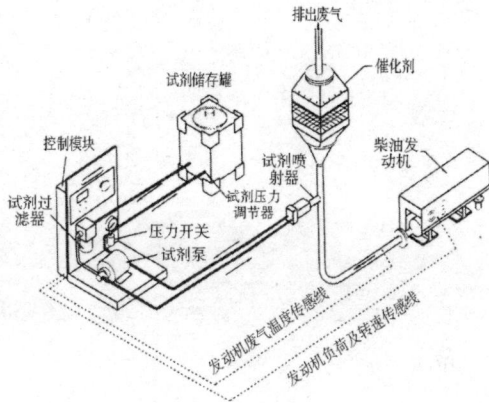

热电联产示意图

兆帕（MPa）和 0.12 ~ 0.25MPa 两等。前者供工业生产，后者供民用采暖。热电联产的蒸汽没有冷源损失，所以能将热效率提高到 85%，比大型凝汽式机组（热效率达 40%）还要高得多。热电联产不仅大量节能，而且可以改善环境条件，提高居民生活水平。但热电联产把电厂的发电与用户的用热紧密联系，降低了灵活性，同时也增加了电厂的投资。因此，只有对城市规划和集中供热区作统筹安排，在热负荷充分保证的条件下，确定合理的建设方案，才能收到良好的综合效益。

热电联产要求将热电站同有关工厂和城镇住宅集中布局在一定地段内，

以取得最大的能源利用经济效益。西方和东欧国家发展热电联产已达较高水平，热电厂装机容量占电力总装机容量的 30%，用于工业生产和分区集中供暖各占 1/2。造纸、钢铁和化学（包括石油化学）工业是热电联产的主要用户，它们不仅是消耗电热的大用户，而且其生产过程中所排出的废料和废气（如高炉气）可作为热电联产装置的燃料。城市工业区及人口居住密集区也是发展热电联产的主要对象，但要注意对当地热负荷进行分析，一般热化系数不得低于 0.5（工业热负荷年利用小时数在 3500 小时以上，居民冬季采暖不小于 3 个月）。热电厂的供热距离通常不超过 5~8 千米。对热电联产的燃料质量（主要是含硫、磷量）有较高要求，同时厂址要选在城市盛行风的下风向，避免对城市环境的污染。

热电厂

当热电联产蒸汽过剩时，可以将空调、生活用水用吸收式空调来解决问题。

锅炉产生的蒸汽在背压汽轮机或抽汽汽轮机发电，其排汽或抽汽，除满足各种热负荷外，还可做吸收式制冷机的工作蒸汽，生产 6℃ 至 8℃ 冷水用于空调或其工艺冷却。

其优点：

1. 蒸汽不在降压或经减温减压后供热，而是先发电，然后用抽汽或排汽满足供热、制冷的需要，可提高能源利用率，从而减低能源的消耗，有利环境保护。

2. 增大背压机负荷率，增加机组发电，减少冷凝损失，极大降低了煤耗。

3. 保证生产工艺，改善生活质量，减少从业人员，提高劳动生产率。

4. 代替数量大、形式多的分散空调，改善环境景观，避免"热岛"效应，直接改善了城市环境。

火电机组的近代化也是提高煤炭利用率的途径之一。我国火力发电占总发电量的 75%，但供电平均煤耗比工业发达国家约高 1/3，主要原因是火电

机组设备落后，效率低。一方面需更新改造中压中等容量机组，淘汰小型低压机组；更重要方面是完善和发展 300~800 兆瓦亚临界和超临界机组，逐步使电厂热效率接近 40%，使供电煤耗下降到 310 克/千瓦时左右。大型高参数火电机组，不仅提高煤炭利用效率，也减轻大气污染。超临界机组（SC）效率可达 41.9%，我国上海石洞口第二发电厂 2 台 600 兆瓦超临界机组可用率已达到 91.47%，且已运行几年，供电煤耗为 307 克，因此我国已有条件开发和发展超临界 600~1000 兆瓦大机组。

小火电机组，一般泛指 5 万千瓦容量以下发电机组。可以分为供热机组和发电机组。现在的小火电机组一般都是热电联产的供热机组了。纯凝汽式的发电机组，在我国已经开始逐步淘汰拆除。热电联产的供热机组，可以极大地提高全机组热效率，因为部分蒸汽在汽轮机内做功后被抽走进行利用，减小了汽轮机排汽热损失。另一方面，目前国内正在逐步地实行集中供热，取代城市小锅炉，又从另一个方面提高了整个社会的能源利用效率。所以，热电联产的小火电机组是一种比较优越的能源供应方式。

截至 2009 年 6 月 30 日，全国已累计关停小火电机组 7467 台，总容量达到 5407 万千瓦，累计节约原煤 1.6 亿吨。

火电装机容量结构得到优化，大容量机组比例升高，小机组特别是能耗高、污染重的小机组下降。到 2009 年 6 月底，中国单机 30 万千瓦以上的火电机组比重达到 64%，比"十一五"初期提高了 20 个百分点；单机 10 万千瓦及以下小火电机组比重降至 14%，比"十一五"初期降低了 16 个百分点。其次，火电效率大幅度提高。到 2009 年 6 月底，火电机组平均供电标准煤耗已下降到 340 克/千瓦时，比"十一五"初期降低了 30 克/千瓦时，累计节约原煤 1.6 亿吨。

污染物和温室气体排放

关停小火电

明显减少。初步测算，关停5407万千瓦小火电机组，每年可减少二氧化硫排放量106万吨，减少二氧化碳排放量1.24亿吨。

目前全国还有20万千瓦及以下能耗高、污染重的纯凝火电机组约8000万千瓦，淘汰落后小火电工作依然任重道远。关停小火电不会影响当前和未来的电力供应。近几年，中国新建的电力机组，特别是低碳机组不断增加，每年新增7000万千瓦左右。

中国当前环保水平最高的大型火电机组已于2009年10月在中国东部沿海城市宁波，成功通过满负荷试运行，正式投入商业运营。此次投产的两套百万千瓦机组总投资78亿元人民币，投产后，电厂年发电量可达260亿千瓦时，占浙江省年发电量的近13%。两套机组配套安装了最先进的环保设施，拥有两座亚洲第一高的海水冷却塔。冷却塔内部采用的海水二次循环冷却技术将大大减少海水取用量和污染排放量。

工业炉窑高效化是提高煤炭利用率的另一条重要途径，我国各类工业炉窑热效率比国外先进水平低50%左右，应尽量选用先进炉型，对现有工业炉和炉窑进行技术改造，提高自动化控制水平。

我国工业锅炉燃料主要是煤，每年要消耗全国原煤产量的约1/3。如果对锅炉进行一些改造，就可以使锅炉从高耗转向高效。

甘肃银光化工集团有限公司5台锅炉全为20世纪六七十年代的产品，经过40多年的运行，锅炉设备老化严重，原负压的锅炉全为正压。原设计每小时20吨的锅炉，每小时产汽量只有8～10吨，发热量2300千卡（1千卡=4.18千焦）的煤，吨蒸汽耗煤达240千克，吨蒸汽成本达到150元。一到天气转冷，锅炉就掉了链子，寒冬腊月，2万余名职工家属为不能正常采暖而叫苦不迭。由于设备老化，故障频繁，员工常常打抢修疲劳战。

高效工业锅炉

2003年9月，银光公司对锅炉设备进行了整体改造后，

情况大变。2004 年入冬运行以来，吨蒸汽煤耗下降了 30 千克，4 个月节约燃煤 3000 余吨，节省资金 100 余万元，锅炉负荷由原来的 10 吨提高到 18 吨，灰渣可燃物由原来的 47% 下降到 23%。这样的成功例子其他许多企业也曾有过。

据了解，我国工业锅炉每年烟尘排放量约 600 万～800 万吨，占全国烟尘总排放量的 33%；二氧化硫排放量约 500 万～600 万吨，占全国烟尘总排放量的 21%；二氧化碳排放量约 6 亿吨。工业锅炉成为我国大气煤烟型污染的主要来源之一。世界先进国家烟尘初始排放浓度一般小于 1000 毫克/立方米，而国内中小型工业锅炉初始排放浓度一般大于 1000 毫克/立方米。

四川金路树脂公司从刚建厂开始，对锅炉进行改造的步伐就一直没停。谈到改造锅炉的原因，该公司一位近年来直接参与锅炉改造的技术负责人说，主要是为了解决困扰企业的环保问题。（20 世纪 80 年代的锅炉炉型结构普遍存在消烟除尘不足的问题）他作了一番比较：锅炉改造前格林曼黑度 4～5 级，改造后为 0～1 级；改造前烟气含尘量大于 200 毫克/立方米，改造后小于 50 毫克/立方米；改造前员工称锅炉房为黑电站，改造后外来参观的人员说该厂的锅炉像停运时一样清洁。

我国在用工业锅炉将近 85% 是燃煤锅炉。我国燃煤工业锅炉以层燃为主，并且以链条炉排锅炉为主，锅炉设计效率一般在 72%～80%，但实际运行时热效率一般低于设计效率。而世界先进国家的层燃燃煤锅炉热效率可达 80%～85%，锅炉投入运行二三十年仍可保持很高的热效率。如美国国家职业安全与健康研究院锅炉房的 1 台容量为 55000 磅/时的蒸汽锅炉，1980 年投入运行至今，热效率仍达到 83%。

一般来说，锅炉热效率低主要是由于燃烧设备及配套辅机不佳，运行管理水平较低，又经常处于低负荷运行，造成排烟温度提高，排烟热损失增加，从而直接导致二氧化碳排放量的增高。近几年来，化工企业都在为解决这个问题不断探索，普遍采用的措施是上余热锅炉，将装置散发到空气中的大量余热回收，用于生产蒸汽或发电。南化公司磷肥厂两套硫酸装置都上了余热锅炉，每台锅炉每小时能生产蒸汽 40 吨。把这些生产的蒸汽有效利用起来，不仅能保护环境，而且还能节约能源需求，避免不必要的浪费。

　　说起这点，连云港碱厂副总工程师非常兴奋。他说，改造前，连云港碱厂锅炉的热动力不足，供热效率不高，不仅制约了产量的增长，而且对煤炭质量的要求较高，一旦煤炭质量较差，就严重影响锅炉的正常运行，不仅运行成本大幅增加，甚至直接造成产量减少，还有停产的危险。改造后，产能不断增长，热动力充足，基本满足了企业产量增长的实际需要。改造前要用25000千焦/千克的煤质，改造后用18000千焦/千克的煤质就可以保证运行了。锅炉的产汽量由原来的130吨/时，增加到现在的150吨/时，纯碱产量大幅提升。

＞＞＞ 知识点

"热岛"效应

　　热岛效应是指由于城市中工业余热和生活余热的存在，以及蒸发耗热的减少等原因，而形成的城市市区温度高于郊区温度的一种小气候现象。在近地面温度图上，郊区气温变化很小，而城区则是一个高温区，就像突出海面的岛屿，所以高温的城市区域就被形象地称为城市热岛。城市热岛效应使城市年平均气温比郊区高出1℃，甚至更多。夏季，城市局部地区的气温有时甚至比郊区高出6℃以上。

洁净煤技术与环保

　　洁净煤技术（CCT）是减少污染和提高效益的煤炭加工、燃烧、转换和污染控制等新技术的总称。传统意义上的洁净煤技术主要是指煤炭的净化技术及一些加工转换技术，即煤炭的洗选、配煤、型煤以及粉煤灰的综合利用技术，国外煤炭的洗选及配煤技术相当成熟，已被广泛采用；目前意义上洁净煤技术是指高技术含量的洁净煤技术，发展的主要方向是煤炭的气化、液化、煤炭高效燃烧与发电技术等等。它是当前世界各国解决环境问题的主导

技术之一，也是高新技术国际竞争的一个重要领域。

根据我国国情，洁净技术包括：选煤，型煤，水煤浆，超临界火力发电，先进的燃烧器，流化床燃烧，煤气化联合循环发电，烟道气净化，煤炭气化，煤炭液化，燃料电池。

洁净煤技术包括两个方面，直接烧煤洁净技术和煤转化为洁净燃料技术。

洁净煤设备

（一）直接烧煤洁净技术。这是在直接烧煤的情况下，需要采用的技术措施：1. 燃烧前的净化加工技术，主要是洗选、型煤加工和水煤浆技术。原煤洗选采用筛分、物理选煤、化学选煤和细菌脱硫方法，可以除去或减少灰分、矸古、硫等杂质；型煤加工是把散煤加工成型煤，由于成型时加入石灰固硫剂，可减少二氧化硫排放，减少烟尘，还可节煤；水煤浆是先用优质低灰原煤制成，可以代替石油。2. 燃烧中的净化燃烧技术，主要是流化床燃烧技术和先进燃烧器技术。流化床又叫沸腾床，有泡床和循环床两种。燃烧温度低可减少氮氧化物的排放量，煤中添加石灰可减少二氧化硫排放量，炉渣可以综合利用，能烧劣质煤，这些都是它的优点；先进燃烧器技术是指改进锅炉、窑炉结构与燃烧技术，减少二氧化硫和氮氧化物的排放技术。3. 燃烧后的净化处理技术，主要是消烟除尘和脱硫脱氮技术。消

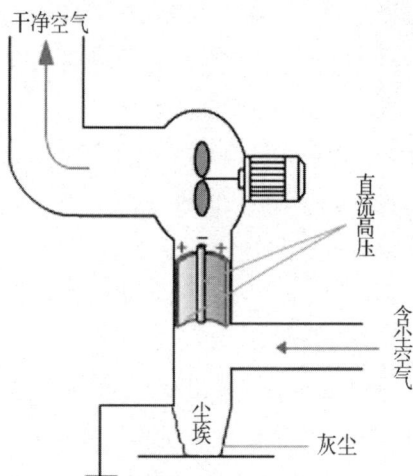

静电除尘原理图

烟除尘技术很多，静电除尘器效率最高，可达99%以上，电厂一般都采用。脱硫有干法和湿法两种，干法是用浆状石灰喷雾与烟气中二氧化硫反应，生成干燥颗粒硫酸钙，用集尘器收集；湿法是用石灰水淋洗烟尘，生成浆状亚硫酸排放，它的脱硫效率可达90%。

（二）煤转化为洁净燃料技术。主要有以下4种：1. 煤的气化技术，有常压气化和加压气化两种。它是在常压或加压条件下，保持一定温度，通过气化剂（空气、氧气和蒸汽）与煤炭反应生成煤气，煤气中主要成分是一氧化碳、氢气、甲烷等可燃气体。用空气和蒸汽做气化剂，煤气热值低；用氧气做气化剂，煤气热值高。煤在气化中可脱硫除氮，排去灰渣，因此，煤气就是洁净燃料了。2. 煤的液化技术，有间接液化和直接液化两种。间接液化是先将煤气化，然后再把煤气液化，如煤制甲醇，可替代汽油，我国已有应用。直接液化是把煤直接转化成液体燃料，比如直接加氢将煤转化成液体燃料，或煤炭与渣油混合成油煤浆反应生成液体燃料，我国已开展研究。3. 煤气化联合循环发电技术。即先把煤制成煤气，再用燃气轮机发电，排出高温废气烧锅炉，再用蒸汽轮机发电，整个发电效率可达45%。我国正在开发研究中。4. 燃煤磁流体发电技术。当燃煤得到的高温等离子气体高速切割强磁场，就直接产生直流电，然后把直流电转换成交流电。发电效率可过50%～60%。我国正在开发研究这种技术。

煤炭洗选系统

为了减少直接烧煤产生的环境污染，世界各国都十分重视洁净煤技术的开发和应用。经过20多年的发展，国外的煤炭气化、液化以及发电技术已经日趋成熟。通过实施洁净煤技术，煤矿企业在经济上增加盈利，环境由此得到改善，能源得到有效利用，使经济增长和保护环境协调发展。大力发展洁净煤技术在我国有更重要意义。

煤炭燃烧前处理和净化

1. 洗选处理

除去或减少原煤中所含的灰分、矸石、硫等杂质。1991 年我国原煤洗选仅 18.1%，洗选效率为 85%；而发达国家原煤已全部洗选，洗选效率 95% 以上。

煤炭洗选是利用煤和杂质（矸石）的物理、化学性质的差异，通过物理、化学或微生物分选的方法使煤和杂质有效分离，并加工成质量均匀、用途不同的煤炭产品的一种加工技术。按选煤方法的不同，可分为物理选煤、物理化学选煤、化学选煤及微生物选煤等。

物理选煤是根据煤炭和杂质物理性质（如粒度、密度、硬度、磁性及电性等）上的差异进行分选，主要的物理分选方法有：（1）重力选煤，包括淘汰选煤、重介质选煤、斜槽选煤、摇床选煤、风力选煤等。（2）电磁选，利用煤和杂质的电磁性能差异进行分选，这种方法在选煤实际生产中没有应用。

煤炭洗选设备

物理化学选煤—浮游选煤（简称浮选），是依据矿物表面物理化学性质的差别进行分选。目前使用的浮选设备很多，主要包括机械搅拌式浮选和无机械搅拌式浮选两种。

化学选煤是借助化学反应使煤中有用成分富集，除去杂质和有害成分的工艺过程。目前在实验室常用化学的方法脱硫。根据常用的化学药剂种类和反应原理的不同，可分为碱

煤炭自动洗选系统

处理、氧化法和溶剂萃取等。

洗选小块

微生物选煤是用某些自养性和异养性微生物，直接或间接地利用其代谢产物从煤中溶浸硫，达到脱硫的目的。

物理选煤和物理化学选煤技术是实际选煤生产中常用的技术，一般可有效脱除煤中无机硫（黄铁矿硫），化学选煤和微生物选煤还可脱除煤中的有机硫。目前工业化生产中常用的选煤方法为淘汰、重介、浮选等选煤方法，此外干法选煤近几年发展也很快。

随着科技的进步及时代的发展，处于攻关或业已投入生产的某些特殊洗选工艺也将得到进一步的发展并替代传统工艺。

2. 型煤加工

用机械方法将粉煤和低品位煤制成有一定形状和粒度的煤制品。高硫煤成型时可加入适量的固硫剂，大大减少二氧化硫的排放。

洗选精煤

大型洗选厂

型煤是以粉煤为主要原料，按具体用途所要求的配比、机械强度和形状大小，经机械加工压制成型的，具有一定强度和尺寸及形状各异的煤成品。常见的有煤球、煤砖、煤棒、蜂窝煤等。型煤分工业用和民用两大类。工业型煤有化工用型煤，用于化肥造气、蒸汽机车用型煤、冶金用

型煤（又称为型焦）。民用型煤，又称为生活用煤，用于炊事和取暖，以蜂窝煤为主。

型煤生产工艺有无黏结剂成型、有黏结剂成型、热压成型3种。成型机械有冲压式成型机、对辊成型机、螺旋挤压机和蜂窝煤机等。型煤包括很多的种类，型煤可以把煤粉、煤面、煤泥，分别压成球形或者其他形状，也可以把煤粉和煤泥混合压成球形和其他形状，用于锅炉的燃烧和造气。

蜂窝煤

型煤加工设备

3. 水煤浆

水煤浆热值相当于燃料油的1/2，可代替燃料油用于锅炉、电站、工业炉和窑炉，用于代替煤炭燃用，具有燃烧效益高、负荷调整便利、减少环境污染、改善劳动条件和节省用煤等优点。桂林钢厂以水煤浆代煤粉燃烧，折合标准煤约为90千克/吨材，节煤33%，烟尘排放由732降至240毫克/立方米致癌的氮氧化物含量由280.8毫克/立方米降至44毫克/立方米，使环境和劳动条件得到明显改善。此外，由于燃烧水煤浆工艺性能好，使钢材的烧损率由1.8%下降至1.5%，企业获得较好的经济效益。所以水煤浆技术不仅可用于代油，用于代煤也有节能和环保效益。

我国煤炭资源分布集中在"三西"，即山西、陕西及内蒙古西部。目前有63%的煤炭要从"三西"调出，我国长期存在北煤南运、西煤东调的格局。煤炭的管道运输投资少、建设周期短、营运费低、为全密闭输送，不污染环境。水煤浆经管道输送到终端即可供用户燃用，而且可长期密闭储存，避免

水煤浆

了传统煤炭存储造成的污染。

煤气化作为洁净煤技术的重要组成部分，具有龙头地位。它将廉价的煤炭转化成为清洁煤气，既可用于生产化工产品，如合成氨、甲醇、二甲醚等，还可用于煤的直接与间接液化、联合循环发电（IGCC）和以煤气化为基础的多联产等领域。

迄今为止，世界上已经商业化的 IGCC 大型电站，均采用气流床技术，最具有代表性的是以干煤粉为原料的 Shell 气化技术和以水煤浆为原料的 Texaco 气化技术。Shell 气化技术即将被引进中国建于洞庭，显现其碳转化率高、冷煤气效率高的优势。相比之下，水煤浆气化技术在中国引进得早，实践时间长，研究开发工作也做得更深入。

经过 10 多年的实践探索，中国在水煤浆气化技术方面，积累了丰富的操作、运行、管理与制造经验，气化技术日趋成熟与完善。经过长期科技攻关，在水煤浆气化领域，形成完整的气化理论体系，研究开发出拥有自主知识产权，达到国际领先水平的水煤浆气化技术。

煤炭燃烧过程中净化

研制新型燃烧器如低 NO_x 燃烧器，使燃料和空气逐渐混合，或调节燃料与空气的混合比，降低火焰温度，减少 NO_x 生成。流化床燃烧，把煤和吸附剂加入燃料床层中，沸腾燃烧，减少 SO_2 排放，且燃烧温度较低，大大减少 NO_x 的生成量。第二代流化燃烧技术——循环流化

煤炭燃烧

床，进一步降低 NO_x 排放量并提高脱硫率和燃烧效率。

低 NO_x 燃烧器及低氮氧化物燃烧器，是指燃料燃烧过程中 NO_x 的排放量低的燃烧器，采用低 NO_x 燃烧器能够降低燃烧过程中氮氧化物的排放。

在燃烧过程中所产生的氮的氧化物主要为 NO 和 NO_2，通常把这两种氮的氧化物通称为氮氧化物 NO_x。大量实验结果表明，燃烧装置排放的氮氧化物主要为 NO，平均约占 95%，而 NO_2 仅占 5% 左右。

一般燃料燃烧所生成的 NO 主要来自两个方面：1. 燃烧所用空气（助燃空气）中氮的氧化；2. 燃料中所含氮化物在燃烧过程中热分解再氧化。在大多数燃烧装置中，前者是 NO 的主要来源，我们将此类 NO 称为"热反应 NO"，后者称之为"燃料 NO"，另外还有"瞬发 NO"。

燃烧时所形成 NO 可以与含氮原子中间产物反应使 NO 还原成 NO_2。实际上除了这些反应外，NO 还可以与各种含氮化合物生成 NO_2。在实际燃烧装置中反应达到化学平衡时，$[NO_2]$／$[NO]$ 比例很小，即 NO 转变为 NO_2 很少，可以忽略。

NO_x 是由燃烧产生的，而燃烧方法和燃烧条件对 NO_x 的生成有较大影响，因此可以通过改进燃烧技术来降低 NO_x，其主要途径是：

1. 选用 N 含量较低的燃料，包括燃料脱氮和转变成低氮燃料；

2. 降低空气过剩系数，组织过浓燃烧，来降低燃料周围氧的浓度；

3. 在过剩空气少的情况下，降低温度峰值以减少"热反应 NO"；

4. 在氧浓度较低情况下，增加可燃物在火焰前峰和反应区中停留的时间。

减少 NO_x 的形成和排放通常运用的具体方法为：分级燃烧、再燃烧法、低氧燃烧、浓淡偏差燃烧、烟气再循环等。

燃烧器是工业炉的重要设备，它保证燃料稳定着火燃烧和燃料的完全燃烧等过程，因此，要抑制 NO_x 的生成量就必须从燃烧器入手。根据降低 NO_x 的燃烧技术，低氮氧化物燃烧器大致分为以下几类：

1. 阶段燃烧器。根据分级燃烧原理设计的阶段燃烧器，使燃料与空气分段混合燃烧，由于燃烧偏离理论当量比，故可降低 NO_x 的生成。

2. 自身再循环燃烧器。一种是利用助燃空气的压头，把部分燃烧烟气吸回，进入燃烧器，与空气混合燃烧。由于烟气再循环，燃烧烟气的热容量大，燃烧温度降低，NO_x减少。

循环流化床锅炉

3. 浓淡型燃烧器。其原理是使一部分燃料作过浓燃烧，另一部分燃料作过淡燃烧，但整体上空气量保持不变。由于两部分都在偏离化学当量比下燃烧，因而NO_x都很低，这种燃烧又称为偏离燃烧或非化学当量燃烧。

4. 分割火焰型燃烧器。其原理是把一个火焰分成数个小火焰，由于小火焰散热面积大，火焰温度较低，使"热反应NO"有所下降。

5. 混合促进型燃烧器。烟气在高温区停留时间是影响NO_x生成量的主要因素之一，改善燃烧与空气的混合，能够使火焰面的厚度减薄，在燃烧负荷不变的情况下，烟气在火焰面即高温区内停留时间缩短，因而使NO_x的生成量降低。混合促进型燃烧器就是按照这种原理设计的。

循环流化床燃烧（CFBC）技术系指小颗粒的煤与空气在炉膛内处于沸腾状态下，即高速气流与所携带的稠密悬浮煤颗粒充分接触燃烧的技术。

煤炭燃烧后净化

采用湿式或干式脱硫工艺，效率可达90%。烟气通过催化剂，在300℃~400℃下加入氨可脱除氮氧化物50%~80%。在大型电站中应采用静电除尘，除尘效率可达99%。

燃烧后脱硫，又称烟气脱硫（Flue gas desulfurization，简称FGD）。在FGD技术

脱硫专用的烟囱

中，按脱硫剂的种类划分，可分为以下5种方法：1. 以 $CaCO_3$（石灰石）为基础的钙法；2. 以 MgO 为基础的镁法；3. 以 Na_2SO_3 为基础的钠法；4. 以 NH_3 为基础的氨法；5. 以有机碱为基础的有机碱法。世界上普遍使用的商业化技术是钙法，所占比例在90%以上。

按吸收剂及脱硫产物在脱硫过程中的干湿状态又可将脱硫技术分为湿法、干法和半干（半湿）法。1. 湿法 FGD 技术是用含有吸收剂的溶液或浆液在湿状态下脱硫和处理脱硫产物，该法具有脱硫反应速度快、设备简单、脱硫效率高等优点，但普遍存在腐蚀严重、运行维护费用高及易对环境造成二次污染等问题；2. 干法 FGD 技术的脱硫吸收和产物处理均在干状态下进行，该法具有无污水废酸排出、设备腐蚀程度较轻、烟气在净化过程中无明显降温、净化后烟温高、利于烟囱排气扩散、二次污染少等优点，但存在脱硫效率低、反应速度较慢、设备庞大等问题；3. 半干法 FGD 技术是指脱硫剂在干燥状态下脱硫、在湿状态下再生（如水洗活性炭再生流程），或者在湿状态下脱硫、在干状态下处理脱硫产物（如喷雾干燥法）的烟气脱硫技术。特别是在湿状态下脱硫、在干状态下处理脱硫产物的半干法，以其既有湿法脱硫反应速度快、脱硫效率高的优点，又有干法无污水废酸排出、脱硫后产物易于处理的优势而受到人们广泛的关注。

按脱硫产物的用途，可分为抛弃法、回收法两种。

石灰石石膏法脱硫工艺是世界上应用最广泛的一种脱硫技术，日本、德国、美国的火力发电厂采用的烟气脱硫装置约90%采用此工艺。

它的工作原理是：将石灰石粉加水制成浆液作为吸收剂泵入吸收塔与烟气充分接触混合，烟气中的二氧化硫与浆液中的碳酸钙以及从塔下部鼓入的空气进行氧化反应生成硫酸钙，硫酸钙达到一定饱和度后，结晶形成二水石膏。经吸收塔排出的石膏浆液经浓缩、脱水，

脱硫设备

使其含水量小于10%，然后用输送机送至石膏贮仓堆放，脱硫后的烟气经过除雾器除去雾滴，再经过换热器加热升温后，由烟囱排入大气。由于吸收塔内吸收剂浆液通过循环泵反复循环与烟气接触，吸收剂利用率很高，钙硫比较低，脱硫效率可大于95%，对环境的影响可以到非常低的程度。

●┅┅➤ 知识点

静电除尘

静电除尘是气体除尘方法的一种。含尘气体经过高压静电场时被电分离，尘粒与负离子结合带上负电后，趋向阳极表面放电而沉积。以往常用于以煤为燃料的工厂、电站，收集烟气中的煤灰和粉尘。冶金中用于收集锡、锌、铅、铝等的氧化物，现在也有可以用于家居的除尘灭菌产品。

▮▮▮ 石油的清洁生产与环保

石油是国家重要的战略资源，提高石油资源的有效利用迫在眉睫。

石油工业企业是国家的重要能源生产部门，其在生产能源的同时又消耗了大量的优质能源，特别是在原油集输过程中消耗了大量的优质能源，其节约替代的潜力很大。油田、输油管道集输生产过程中消耗的燃料油主要是优质的原油，如何节约或替代这部分原油，实现节能减排的目的，是一个十分重要的课题。

油田污水处理

注水是油田开发的一种十分重要的开采方式，是补充地层能量，保持油层能量平衡，维持油田长期高产、稳产的有效方法。注入水的水源主要是地面淡水、地下浅层水及采出原油的同时采出的油层水。为了节约地球上的淡水资源，目前注入油层的水大部分来自从开采原油中脱出的水，习惯上称之为污水。大体已经占了全国注水总量的80%。污水未经处理时含有大量的悬

浮固体、乳化原油、细菌等有害物质。水注入油层就像饮用水进入人体一样，如果人喝了未经处理的水，人的身体就会受到伤害，发生各种病变；同样，油层注入了未经处理的污水，油层也会受到伤害。这种伤害主要体现在大量繁殖的细菌、机械杂质以及铁的沉淀物堵塞油层等问题上，引起注水压力上升，注水量下降，影响水驱替原油的效率。因此，必须对注入油层的水进行净化处理。

由于污水是从油层采出的，所以油田回注污水处理的主要目的是除油和除悬浮物。概括地讲可分为两个阶段：1. 除油阶段。该阶段是利用油、水密度差及药剂的破乳和絮凝作用，将油和水分离开来。2. 过滤阶段。该阶段是利用滤料的吸附、拦截作用，将污水中悬浮固体、油和其他杂质吸附于滤料的表面而不让其通过滤料层。除油阶段要根据含油污水中原油的密度、凝固点等性质的不同而采用相应的处理方法。目前国内外除油阶段主要采用的技术方法有：重力式隔油罐技术、压力沉降除油技术、气浮选除油技术、水力旋流除油技术等。

1. 重力式隔油罐技术，就是靠油水的相对密度差来达到除油的目的。含油污水进入隔油罐后，大的油滴在浮力的作用下自由地上浮，乳化油通过破乳剂（混凝剂）的作用，由小油滴变成大油滴。在一定的停留时间内，绝大部分原油浮升至隔油罐的上部而被除去。其特点是：隔油罐体积大，污水停留时间长。即使来水有流量和水质的突然变化，也不会严重影响出水水质。但其占地面积大，去除乳化油能力差。

2. 压力沉降除油技术是在除油设备中装填有使油珠聚结的材料，当含油污水经过聚结材料层后，细小油珠变成较大油滴，加快了油的上升速度，从而缩短了污水停留时间，减小了设备体积。其特点是：设备综合采用了聚结斜板技术，大大提高了除油效率。但其适应来水水量、水质变化能力要比隔油罐差。

3. 气浮选除油技术，是在含油污水中产生大量细微气泡，使水中颗粒粒径为 0.25~25 微米的悬浮油珠及固体颗粒黏附到气泡上，一起浮到水面，从而达到去除污水中的污油及悬浮固体颗粒的目的。采用气浮，可大大提高悬浮油珠及固体颗粒浮升速度，缩短处理时间。其特点是处理量大，处理效率高，适应于稠油油田含油污水以及含乳化油高的含油污水。

4. 水力旋流除油技术，是利用油水密度差，在液流高速旋转时，受到不等离心力的作用而实现油水分离。其特点是设备体积小、分离效率高。但其对原油相对密度大于 0.9 的含油污水适应能力差。过滤阶段采用的过滤技术根据滤后水质的要求不同，分为粗过滤、细过滤和精细过滤。根据水质推荐标准，悬浮物固体含量为 1.0～5.0 毫克/升，颗粒直径为 2.0～5.0 微米。过滤的核心技术是滤料的选择与再生。在油田污水处理中，目前国内外主要采用的滤料有石英砂、无烟煤、陶粒、核桃壳、纤维球、陶瓷膜和有机膜等。滤料的再生方法主要有热水反冲洗、空气反吹等。

石油清洁生产

石油清洁生产是一种全新的发展战略，它借助于各种相关理论和技术，在石油的整个生命周期的各个环节采取"预防"措施，通过将生产技术、生产过程、经营管理、产品等方面与物流、能量、信息等要素有机结合起来，并优化运行方式，从而实现最小的环境影响、最高的能源利用率、最佳的管理模式以及最优化的经济增长水平。更重要的是，环境作为经济的载体，良好的环境可更好地支撑经济的发展，并为社会经济活动提供所必需的资源和能源，从而实现经济的可持续发展。

石油清洁生产

1992 年 6 月在巴西里约热内卢召开的联合国环境与发展大会上通过了《21 世纪议程》。该议程制定了可持续发展的重大行动计划，并将清洁生产看做是实现可持续发展的关键因素，号召工业提高能效，开发更清洁的技术，更新、替代对环境有害的产品和原材料，实现环境、资源的保护和有效管理。清洁生产是可持续发展的最有意义的行动，是工业生产实现可持续发展的重要途径。

石油清洁生产彻底改变了过去被动的、滞后的污染控制手段，强调在石油造成污染之前就予以削减，即在石油生产过程并在服务中减少石油污染物的产生和对环境的不利影响。这一主动行动，经近几年国内外的许多实践证明，具有效率高、可带来经济效益、容易为企业接受等特点。

末端治理石油污染作为目前国内外控制石油污染最重要的手段，为保护环境起到了极为重要的作用。然而，随着工业化发展速度的加快，末端治理这一污染控制模式的种种弊端逐渐显露出来：1. 末端治理设施投资大、运行费用高，造成成本上升，经济效益下降；2. 不能彻底解决环境污染；3. 末端治理未涉及石油的有效利用，不能制止石油的浪费。

清洁生产从根本上扬弃了末端治理石油污染的弊端，它通过生产全过程控制，减少甚至消除污染物的产生和排放。这样，不仅可以减少末端治理设施的建设投资，也减少了其日常运转费用，大大减轻了工业的负担。

开展石油清洁生产的本质在于实行污染预防和全过程控制，它将带来不可估量的经济、社会和环境效益。

减少石油消耗

1. 利用热电厂余热蒸汽实现节能减排

这个方法是实现节能减排降耗的最佳途径，其关键是：在输油站库经济距离内有热电厂并有可利用的余热资源。其最大优点是不需运行热设备消耗能源，污染零排放，实现能源跨行业按梯度降品依次使用，是最经济合理的。

利用余热蒸汽替代燃料油，最重要的是实现了能源的社会化优化配置。其优势有：（1）减少了国家重要战略能源的消耗。它将热电厂产生的冷源排汽通过管道输送到用热单位，实现能源消耗的按梯度降品使用，减少直接燃烧优质原油生产低品位热能的状况。冷源排汽得到二次利用，可提高能源效率42.9%，使能源利用更趋于合理，其价值和意义重大。（2）减少了大量的温室气体排放。每少烧1吨原油就可减少3~4倍的温室气体排放，特别是 SO_2 等有害气体的排放，对保护环境贡献是很大的。（3）减少热设备及辅助设备运行维护物耗，如电、盐、水、树脂等资源的消耗，减少资源在低端重复消耗。（4）提高了企业效益和社会效益。（5）提高了安全生产系数。

由于受到利用余热资源的限制，其可替代燃料油仅占消耗量的 15%～20%，那么如何替代更多的燃料油，这就是下面要研究的方案。

2. 利用低硫煤制气替代燃料油

大型热电厂

从俄罗斯进口原油后，输油管道油品含硫上升十几倍。所以替代燃料油不仅节约优质原油，而且可减少大量的 SO_2 排放。

做好利用充裕的低硫煤制气，实现能源消耗结构的优化推广工作。煤制气是国家推行的"清洁能源行动"总体目标之一。该项技术已有几年的生产发展历程，属于成熟技术并有定型设备。现已广泛用于发电厂、煤化工、建材工业、城市供热、矿山等行业。

目前，世界上最先进的煤制气设备是美国和德国生产的，适用于大规模化生产。国产煤气发生炉技术适用性强，符合中国国情，其最大特点是：不需更新或改造原热设备，在原供热系统嵌入煤气发生炉系统，即可实现使用清洁燃料、优化能耗结构、大幅度降低费用的目的。

利用东北地区充裕的低硫煤制气，实施替代燃料油，实现能源消耗结构的优化。鉴于煤制气在技术上可行、

煤制气设备

经济上合理、环保方面高于国家标准等优点，从长远来看，煤制气优于重油，一是资源多，二是价格低，三是社会效益显著。

知识点

可持续发展

可持续发展的概念最先是在 1972 年在斯德哥尔摩举行的联合国人类环境研讨会上正式讨论。自此以后，各国致力界定"可持续发展"的含义，现时已拟出的定义已有几百个之多，涵盖范围包括国际、区域、地方及特定界别的层面，是科学发展观的基本要求之一。

大体来说，可持续发展是指既满足当代人的需求，又不损害后代人满足其需求的能力。可持续发展与环境保护既有联系，又不等同。环境保护是可持续发展的重要方面。可持续发展的核心是发展，但要求在严格控制人口、提高人口素质和保护环境、资源持续利用的前提下进行经济和社会的发展。发展是可持续发展的前提，人是可持续发展的中心体，可持续长久的发展才是真正的发展。

发展清洁环保的天然气产业

天然气蕴藏在地下多孔隙岩层中，主要成分为甲烷，比重约 0.65，比空气轻，具有无色、无味、无毒之特性。天然气公司皆遵照政府规定添加臭剂（四氢噻吩），以资用户嗅辨。天然气在空气中含量达到一定程度后会使人窒息。

若天然气在空气中浓度为 5% ~ 15% 的范围内，遇明火即可发生爆炸，这个浓度范围即为天然气的爆炸极限。爆炸在瞬间产生高压、高温，其破坏力和危险性都是很大的。

依天然气蕴藏状态，又分为构造性天然气、水溶性天然气、煤矿天然气等 3 种。而构造性天然气又可分为伴随原油出产的湿性天然气和不含液体成分的干性天然气。

与煤炭、石油等能源相比，天然气在燃烧过程中产生的能影响人类呼吸系统健康的物质极少，产生的二氧化碳是煤的40%左右，产生的二氧化硫也很少。天然气燃烧后无废渣、废水产生，具有使用安全、热值高、洁净等优势。

生产天然气

天然气的节能环保优点

天然气是较为安全的燃气之一，它不含一氧化碳，也比空气轻，一旦泄漏，立即会向上扩散，不易积聚形成爆炸性气体，安全性较高。采用天然气作为能源，可减少煤和石油的用量，从而大大改善环境污染问题；天然气作为一种清洁能源，能减少二氧化硫和粉尘的排放量近100%，减少二氧化碳的排放量60%和氮氧化合物的排放量50%，并有助于减少酸雨形成，舒缓地球温室效应，从根本上改善环境质量。其优点有：

1. 绿色环保

天然气是一种洁净环保的优质能源，几乎不含硫、粉尘和其他有害物质，燃烧时产生二氧化碳少于其他化石燃料，造成温室效应较低，因而能从根本上改善环境质量。

天然气厂

2. 经济实惠

天然气与人工煤气相比，同比热值价格相当，并且天然气清洁干净，能延长灶具的使用寿命，也有利于用户减少维修费用的支出。天然气是洁净燃气，供应稳定，能够改善空气质量，因而能为经济发展提

供新的动力，带动经济繁荣及改善环境。

3. 安全可靠

天然气无毒、易散发，比重轻于空气，不易积聚成爆炸性气体，是较为安全的燃气。

以天然气为燃料的好处

天然气的热值高，约为 36000～40000 千焦/牛·立方米，且燃烧后对环境污染小，是所有燃料中单位热值 CO_2 排放量最低的，且 NO_x 的排放率也很低，可以满足一般电厂的废气排放标准，因而将成为继煤和石油后的主要能源。

目前国内燃煤热电厂集中供热与分散的锅炉房相比，具有节约能源、占地少、改善环境的优点。但也存在一些弊端，随着市场经济的发展，其弊端越来越明显：1. 投入大、费用高，城市热网的建设需要大量资金，要建设供热系统管路，因而供热成本很高。2. 由

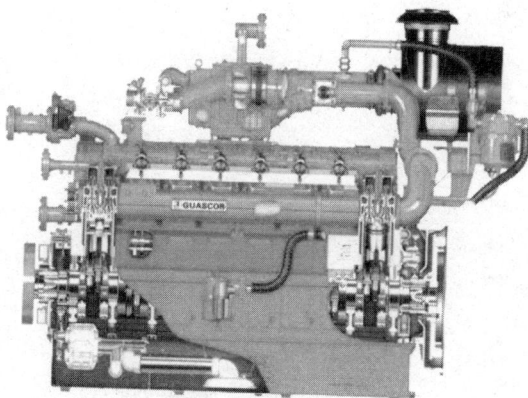

燃气机

于计量不规范，热控水平不高，以至热网管理落后，供热各环节浪费太大，尤其是公共建筑在无人时也持续供热，节能变成了浪费。同时原有城市规划对热网考虑不够，使增建的热网管道影响城市美观，敷设时部分建筑物需要拆迁等。3. 城市中的热电厂增加了市内污染物的排放，使局部环境恶化。因此有必要借鉴发达国家的经验，如一些国家采用分散供热的模式，工业企业自备热电站和分散的小型热电站相现结合的方式，分别满足工业和居民的热需求。在这种情况下，燃用天然气的燃气机成为人们选择的主要供热发电设备之一。

早在 1894 年已有了以天然气为燃料的发动机，经过不断发展和完善，

形成了可燃多种燃料（包括垃圾填埋场产生的填埋气）的燃气机和燃天然气—轻柴油的双燃料柴油机。为了更好地节约能源，还充分利用废热供热或再次发电，实行热电联供，大大增加了经济性。从效率上来说，单机输出功率50兆瓦以下的热机以柴油机和燃气机为最高，发电效率可达40%以上，热电联供效率更高达80%；单机功率大于50兆瓦时，燃气—蒸汽联合循环机组的效率较高。有鉴于此，目前国际上燃气机及双燃料柴油机应用很广。

燃气机的余热有3个来源：燃气机的高温烟气、高温缸体及增压空气冷却水和润滑油冷却水。其中最主要的是燃气机的排气，因其温度一般在400℃~500℃，含大量余热，通过在烟道上加装热交换器可将余热转换为蒸汽或热水。高温缸体及增压空气冷却水温度为90℃~95℃，润滑油冷却水温度为70℃左右，均可通过热交换器供热水。

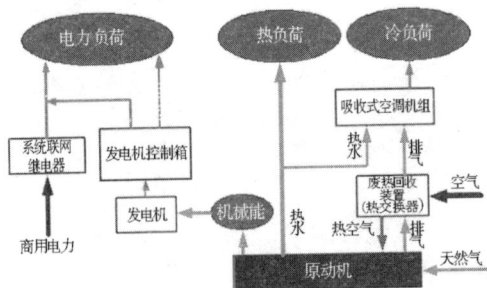

燃气机热电联供

燃气机的余热有多种用途，主要有3类：再发电、供热、制冷。而从具体形式来说，可以根据用户需要，形成多种组合。如余热锅炉产生的蒸汽可用来带动汽轮机发电，或直接供热用户，作为生产工艺过程中的干燥、燃烧空气干燥等，也可以通过吸收式冷却器制冷，供工厂或居民住宅。温度不同的高温缸体及增压空气冷却水和润滑油冷却水，通过热交换器串联后供用户热水，作为工艺用热、地区用热，也可在余热锅炉蒸汽发电时加热汽机凝结水。

燃气机在中国的应用可能只是时间的问题。1. 从燃料上来说，中国已经明确表示，在今后20年内，天然气工业会有一个较大的发展，相应的以天然气为燃料的电力工业也会得到较大的发展，这对缓解能源供需矛盾，优化能源结构，改善大气环境质量将起重要作用。2. 从需求上来说，随着我国生活水平的提高，人们对供热、制冷质量的要求将更高，购物中心、医院、

宾馆、体育场、居民小区等有可能采用燃气机实现热电冷联供，并且在规划时就予以考虑。3. 从环保角度来说，也会鼓励在城市中采用污染小的燃气机电站。

全球行进在节能减排之路上

QUANQIU XINGJIN ZAI JIENENGJIANPAI ZHI LUSHANG

经济越发展，城市化水平越高，人们越富裕，生产和生活对能源的需求就越大。能源的大量开发和利用，是造成大气和其他多种类型环境污染与生态破坏的主要原因。随着环境污染越来越严重，它已经成为了一个不容忽视的关系到全球每个人健康的大问题。

于是，节能减排这一环境友好型的全球性行动便被推上了历史舞台。如今，世界各国都在努力寻求在现有技术的基础之上，合理利用自然资源，尽量减少对各种废气的排放，降低人类活动对自然环境的破坏程度。这一行动既有政策与制度上的保障，如清洁发展机制；也有技术与资金上的支持，如各国研究的二氧化碳回收与利用技术等。为了保护我们在宇宙中居住的唯一家园，全人类第一次不分彼此，正行进在节能减排之路上。

保护环境的节能减排

节能减排的定义

节能减排标志

节能减排指加强用能管理，采用技术上可行、经济上合理以及环境和社会可以承受的措施，减少从能源生产到消费各个环节中的损失和浪费，更加有效、合理地利用能源。1. 技术上可行，是指在现有技术基础上可以实现；2. 经济上合理，就是要有一个合适的投入产出比；3. 环境可以接受，是指节能还要减少对环境的污染，其指标要达到环保要求；4. 社会可以接受，是指不影响正常的生产与生活水平的提高；5. 有效，就是要降低能源的损失与浪费。

节能减排有广义和狭义之分。1. 广义节能是指除狭义节能内容之外的节能方法，如节约原材料消耗、提高产品质量、劳动生产率、减少人力消耗、提高能源利用效率等。2. 狭义节能是指节约煤炭、石油、电力、天然气等能源。在狭义节能内容中包括从能源资源的开发、输送、转换（电力、蒸气、煤气等）和加工（各种成品油、副产煤气为二次能源，直到用户消费过程中的各个环节，都有节能的具体工作去做）。

节能包括减少浪费、增加回收两个部分。1. 减少浪费：加强对用能的质量和数量的管理，优化用能结构，减少物流损失，能源介质的无谓排放等。2. 增加回收：大力回收生产过程中产生的二次能源（包括余压、余热、余能和煤气等）。

节能的现实意义

我国经济快速增长，各项建设取得巨大成就，但也付出了巨大的资源和环境代价，经济发展与资源环境的矛盾日趋尖锐，群众对环境污染问题反应强烈。这种状况与经济结构不合理、增长方式粗放直接相关。不加快调整经济结构、转变增长方式，资源支撑不住，环境容纳不下，社会承受不起，经济发展难以为继。只有坚持节约发展、清洁发展、安全发展，才能实现经济又好又快发展。同时，温室气体排放引起全球气候变暖，备受国际社会广泛关注。进一步加强节能减排工作，也是应对全球气候变化的迫切需要。

节能减排

能源展望

2009年11月，国际能源署（IEA）发布了其年度旗舰报告《世界能源展望2009》。在这部广受世界能源界关注的作品中，IEA调低了对全球能源需求的预期，并称金融危机为全球的能源体系转型提供了机遇，而各国政府则将在这种转型中扮演决定性作用。

1. 金融危机降低全球能源需求

在《世界能源展望2009》中，IEA预计2007～2030年这段时间，全球能源需求将以每年1.5%的平均速度增长，最终将增长40%。而2008年的数字是2006～2030年年均增长1.6%，最终增加45%。这两个数字均低于2008年同期的预测，IEA表示，修正的数字反映了金融危机的影响，以及政府启用鼓励增加能效政策的作用。

从能源形态来看，原油仍将是全球最重要的一次能源，其年消耗量将由2007年的41亿吨上升至50亿吨。这意味着其年平均增长率为0.9%，是一次能源中增长速度最慢的能源形态。

随着煤炭清洁技术的应用，煤炭在一次能源中的比例将有所增加，其消耗量将由 2007 年的 32 亿吨油当量增加到 49 亿吨油当量，年平均增速达到 1.9%，不仅高于油气等传统化石能源，也高于原子能、水能、生物质能等能源，仅低于由风能引领的新兴可再生能源（年均增速达到 7.3%）。

2. 避免灾难性气候

2009 年，经济危机席卷全球，世界范围内能源投资大幅减少，在各国推行的经济刺激计划中，大多包含了推动清洁能源的措施。如果没有这些措施，全球范围内，2009 年对可再生能源的投资将下滑三成以上，而不是 2000 年的 1/5。

能源投资的下滑将对能源安全、气候变化和能源贫困产生深远的影响，但这取决于政府的应对措施。如果人类依然延续今天的能源道路，不对现行政策作出修改，那么，人类对化石能源的需求将快速增加，这将给气候变化带来惊人的后果。

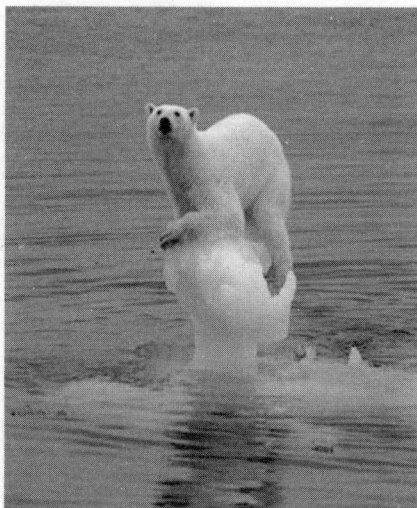

海平面上升

这种惊人的后果是，到 2030 年，全世界的二氧化碳排放量将达到 402 亿吨，几乎是 1990 年（209 亿吨）的两倍。而 2030 年较 2007 年（288 亿吨）增加的大约 110 亿吨二氧化碳排放量中，超过八成将来自于东亚地区（排放量增加 60 亿吨）、南亚地区（20 亿吨）和中东地区（10 亿吨），而这些仅仅是在现行政策不作出修改的前提下。这将意味着温室气体在大气中的长期浓度将超过 1000ppm（ppm＝百万分之一）二氧化碳当量，全球气温将上升 6℃。

2009 年 10 月底，英国政府曾发布一张"4℃地图"，对气温上升 4℃之后的地球作出描述：北极地区气温可上升达 16℃，地中海沿岸地区水资源将减少 70%，美洲的玉米和谷物产量将减少 40%，而亚洲一些国家的水稻产量将减少 30%。

可以想象，在 4℃的增长图景下，结果将会是更加灾难性的。为此，IEA提供了另外一种可能性——"450ppm 愿景"，即在各国政府的通力合作下，将大气中温室气体浓度控制在 450ppm 二氧化碳当量，气温上升不超过 2℃的可能性。

在这种愿景之下，预计到 2020 年，当年全球需减排 38 亿吨碳，其中，16 亿吨由经合组织成员（OECD）即发达国家"贡献"，而中国一家将会"贡献"10 亿吨，将成为最大的减排贡献国。

中国将在全球应对气候变化中扮演举足轻重的作用。

●•••▶ 知识点

三次产业结构

在世界经济发展史上，人类经济活动的发展有三个阶段：第一阶段即初级阶段，人类的主要活动是农业和畜牧业；第二阶段开始于英国工业革命，以机器大工业的迅速发展为标志，纺织、钢铁及机器等制造业迅速崛起和发展；第三阶段开始于 20 世纪初，大量的资本和劳动力流入非物质生产部门。

第一阶段的产业称为第一产业，处于第二阶段的产业称为第二产业，处于第三阶段的产业称为第三产业。第一产业的属性是取自于自然界；第二产业是加工取自于自然的生产物；其余的全部经济活动统归第三产业。这就是人们常说的三次产业结构。

减排温室气体的清洁发展机制

CDM 就是清洁发展机制（Clean Development Mechanism）。它是联合国在《京都议定书》中规定的一种发达国家和发展中国家合作进行温室气体减排的机制。

1997 年 12 月 11 日，160 个国家在日本京都签署通过了《联合国气候变

化框架公约京都议定书》，2005 年 2 月 16 日生效。由于发达国家对温室气体的排放负有主要责任，《京都议定书》规定了发达国家的法定减排指标，对发展中国家不具法律约束力。根据规定，从 2005 年开始至 2012 年，签署该协议的发达国家必须将温室气体排放水平在 1990 年的基础上平均减少 5.2%（其中，欧盟为 8%，美国 7%，日本 6%，澳大利亚增长 8%）。由于在发达国家减排温室气体的成本是发展中国家的几倍甚至几十倍，《京都议定书》安排了一种灵活的机制，即允许发达国家通过提供资金和技术在发展中国家实施温室气体减排项目，并将项目实施后获得的减排量用来充抵本国的法定减排指标。这种灵活机制就是清洁发展机制。

CMD 概述

1. 参与方

清洁发展机制允许附件 I 国家在非附件 I 国家的领土上实施能够减少温室气体排放或者通过碳封存或碳汇作用从大气中消除温室气体的项目，并据此获得"经核证的减排量"，即通常所说的 CER。附件 I 国家可以利用项目产生的 CER 抵减本国的温室气体减排义务。

CDM 项目必须满足：（1）获得项目涉及的所有成员国的正式批准；（2）促进项目东道国的可持续发展；（3）在缓解气候变化方面产生实在的、可测量的、长期的效益。CDM 项目产生的减排量还必须是任何"无此 CDM 项目"条件下产生的减排量的额外部分。

参与 CDM 的国家必须满足一定的资格标准。所有的 CDM 参与成员国必须符合 3 个基本要求：自愿参与 CDM；建立国家级 CDM 主管机构；批准《京都议定书》。此外，工业化国家还必须满足几个更严格的规定：完成《京都议定书》第 3 条规定的分配排放数量；建立国家级的温室气体排放评估体系；建立国家级的 CDM 项目注册机构；提交年度清单报告；为温室气体减排量的买卖交易建立一个账户管理系统。

2. 符合的项目

CDM 将包括如下方面的潜在项目：

（1）改善终端能源利用效率；

（2）改善供应方能源效率；

（3）可再生能源；

（4）替代燃料；

（5）农业（甲烷和氧化亚氮减排项目）；

（6）工业过程（水泥生产等减排二氧化碳项目，减排氢氟碳化物、全氧化碳或六氟化硫的项目）；

（7）碳汇项目（仅适用于造林和再造林项目）。

禁止附件Ⅰ国家利用核能项目产生的 CER 来达到其减排目标。此外，在第一个承诺期（2008～2012），只允许造林和再造林项目作为碳汇项目，并且在承诺期每一年内，附件Ⅰ国家用于完成他们分配排放数量的、来自碳汇项目的 CER，最多不超出其基准排放量的1%。碳汇项目还需要制定出更详尽的指南以确保其环境友好性。

为了使小项目能和大项目一样在 CDM 项目上具有竞争力，《马拉喀什协定》为小规模项目的实施建立了快速通道——一套简化的资格评审标准：15兆瓦以上的可再生能源项目、在供应方或需求方年节能15吉瓦时以上的能效项目、年度排放量低于1.5万吨二氧化碳当量且具有减排效果的其他项目。CDM 执行理事会已经被赋予了一项任务：为小项目快速通道制定执行方式和工作程序，并将其提交给2002年10月在新德里召开的第八次《联合国气候变化框架公约》成员国大会（COP 8）。

CMD 的作用

通过 CDM，项目业主可以出售经核证的减排量（CERs）来获得额外收益。比如说，水电和风电企业除了出售电量之外，还可以出售减排量来获得额外的收益。

减排量就是企业通过一定的技术措施减少污染物排放的总量。具体到 CDM 项目，减排量就是指《京都议定书》所规定的6种温室气体减少的总量。

减排量并不总是具有价值：1. 未经核证的减排量得不到联合国的承认，就没有价值。2. 经过核实的减排量如果不在国际市场上买卖，也不能实现其

价值。

举例来说，一个 20 兆瓦的水电企业，一年的产生减排量约为 10 万吨，价值约为 1000 万元人民币。一个 50 兆瓦的风电企业，一年产生的减排量约为 10 万~12 万吨，价值约为 1000 多万元人民币。如果不搞 CDM，那么这些减排量的价值就被白白浪费掉了。

CDM 项目所产生的额外的、可核实的废气减排量称为"核证减排量（CERs）"。它由项目企业所拥有，并可出售。

自 CDM 项目注册成功之日起，企业所产生的减排量就开始产生价值。但需要由联合国指定的一家独立经营实体（DOE）对项目所产生的温室气体减排量进行核实计算，并报联合国清洁发展机制执行理事会（EB）审批。这种经核实的减排量就叫"经核证的减排量"。只有这种减排量才能卖钱。

清洁发展机制执行理事会在接到申请后，如果没有 3 名以上的执行理事会成员反对，应该在 15 天内批准签发该项目的温室气体减排量，并迅速将减排额发送到项目业主所同意的专用"账户"上。这个时候，项目业主就可以拿到出售减排量的收入了。

➤ 知识点

造林和再造林

"造林"和"再造林"都是人类通过人工方式恢复森林覆盖率的活动。"造林"是指通过栽植、播种或人工促进天然下种的方式，将至少在过去 50 年内不曾为森林的土地转化为有林地的直接活动。"再造林"则是在原来就是森林，但是却被人为或自然破坏的土地上进行绿化覆盖的活动。有时，"再造林"还用来称呼再造林活动完成的树林。

■■■二氧化碳的回收与利用

全球工业化进程的加快使 CO_2 排放量越来越大，并给环境带来危害，而石油、煤炭资源的日渐枯竭也需要有新的碳源及时补充，因此世界各国十分重视开发相应的 CO_2 回收以及净化和再利用技术。

美国 Brookhaven 国家实验室的研究人员正在开发催化剂，可望将过多的温室气体转化成有用的化学品。研究人员指出，不能只依赖于化学工业利用 CO_2 以削减化石燃料燃烧排放的 CO_2。几种其他对策同时应用是必需的，包括提高现有化学燃料利用的效率，捕集和利用封存化石燃料燃烧产生的 CO_2，并转向使用可再生燃料和可再生能源。

CO_2 回收和捕集技术介绍

常用的 CO_2 回收利用方法有：

1. 溶剂吸收法。使用溶剂对 CO_2 进行吸收和解吸，CO_2 浓度可达98%以上。该法只适合于从低浓度 CO_2 废气中回收 CO_2，且流程复杂，操作成本高。

2. 变压吸附法。采用固体吸附剂吸附混合气中的 CO_2，浓度可达60%以上。该法只适合于从化肥厂变换气中脱除 CO_2，且 CO_2 浓度太低不能作为产品使用。

3. 有机膜分离法。利用中空纤维膜在高压下分离 CO_2，只适用于气源干净、需用 CO_2 浓度不高于90%的场合。目前该技术在国内处于开发阶段。

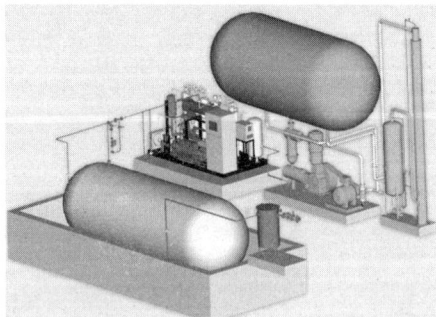

回收设备

4. 催化燃烧法。利用催化剂和纯氧气把 CO_2 中的可燃烧杂质转换成 CO_2 和水。该法只能脱除可燃杂质，能耗和成本高，已被淘汰。

上述方法生产的 CO_2 都是气态，都需经吸附精馏法进一步提纯净化、

精馏液化，才能进行液态储存和运输。吸附精馏技术是上述方法在接续过程中必须使用的通用技术。

美国电力研究院（EPRI）所作的研究指出，在发电厂中采用氨洗涤可使 CO_2 减少 10%，而较老式的 MEA（胺洗涤）法可使 CO_2 减少 29%。

世界新的 CO_2 回收和捕集技术正在加快发展之中。

1. 脱除 CO_2 新溶剂

巴斯夫公司和日本 JGC 公司已开始联合开发一种新技术，可使天然气中含有的 CO_2 脱除和贮存费用削减 20%。该项目得到日本经济、贸易和工业省的支持。CO_2 可利用吸收剂如单乙醇胺（MEA）从燃烧过程产生的烟气中加以捕集。然而，再生吸收剂需额外耗能，对于 MEA，从烟气中回收 CO_2 需耗能约 900 千卡/千克 CO_2，这通常是不经济的。日本三菱重工公司（MHI）与关西电力公司（KEPCO）合作，开发了新工艺，可给 CO_2 回收途径带来新的变化。MHI 发现的 CO_2 新吸收剂是称为 KS－1 和 KS－2 的位阻胺类，其回收所需能量比 MEA 所需能量约少 20%。因为 KS－1 和 KS－2 对热更稳定、腐蚀性也比 MEA 小，因此操作时胺类的总损失约为常规吸收剂的 1/20。对于能量费用不昂贵的地区，大规模装置使用新的工艺，CO_2 回收费用（包括压缩所需费用）约为 20 美元/吨 CO_2，它比基于 MEA 的常规方法低约 30%。MHI 已在马来西亚一套尿素装置上验证了这一技术，可从烟气中回收 200 吨 CO_2/日。

2. 基于氨的新工艺

美国 Powerspan 公司开发了 ECO$_2$ 捕集工艺，可使含水的氨（AA）溶液从电厂烟气（FG）中捕集 CO_2。这是该公司与美国能源部国家能源技术实验室（NETL）共同研究的成果。BP 替代能源公司与 Powerspan 公司正在开发和验证 Powerspan 公司称为 ECO$_2$ 基于氨的 CO_2 捕集技术，并将使其用于燃煤电厂从而推向商业化。这种后燃烧 CO_2 捕集工艺适用于改造现有的燃煤发电机组和新建的燃煤电厂。ECO$_2$ 捕集工艺与 Powerspan 公司的电催化氧化技术组合在一起，使用氨水吸收大量 SO_2、NO_x 和汞。CO_2 加工步骤设置在 ECO 的 SO_2、NO_x 和汞脱除步骤的下游。根据美国国家能源技术实验室（NETL）等对使用含水的氨吸收 CO_2 进行的研究表明，传统的 MEA 工艺用于 CO_2 脱除，

CO_2 负荷能力（吸收每千克 CO_2/千克吸收剂）低，有高的设备腐蚀率，胺类会被其他烟气成分降解，同时吸收剂再生时能耗较高。比较而言，氨水有较高的负荷能力，无腐蚀问题，在烟气环境下不会降解，可使吸收剂补充量减少到最小，再生所需能量很少，而且成本大大低于 MEA。尤其是 NETL 采用的 Powerspan 公司开发的氨水工艺与常规胺类相比，有以下优点：蒸汽负荷小（500Btu/磅被捕集的 CO_2）；产生较浓缩的 CO_2 携带物；较低的化学品成本；产生可供销售的副产物，实现多污染物控制。

3. CO_2 吸附技术

近年来工业级和食品级 CO_2 的标准要求越来越高，而通常采用的溶剂吸收法、变压吸附法、有机膜分离法和催化燃烧法等回收的 CO_2 产品无法达到食品级标准要求，在工业领域的应用也受到限制。美国新开发的一种超级海绵状物质可吸收发电厂或汽车尾管排放的大量 CO_2。这种超级海绵状物质作为可用于净化温室气体的新方法，比现用方法（包括水溶液处理）更为有效和价格低廉。美国密歇根大学的研究人员采用化学合成方法，制取了这类海绵状物质。这种材料称为金属有机骨架（MOF）混合物，为稳定的、结晶型多孔物质，由有机链接基团组合金属簇构成。据报道，这种 MOF 能很好地捕集 CO_2。其化合物之一 MOF-177 在中等压力（约 3.0 兆帕）下，可捕集 140w%（33.5 毫摩尔/克）室温下的 CO_2，远远超过任何其他多孔材料的 CO_2 贮存能力。超级绵状 MOF－177 由正八面体 Zn4 羧基化物簇与有机基团链接而成，这种材料有极高的表面积，达 4500 平方米/克，相当于每克材料有约 4 个足球场大小的面积。在捕集 CO_2 后，气体在稍微加热的情况下会很容易地释放出来，然后可用于各种反应的试剂，包括制取聚碳酸酯建筑材料的聚合过程和软饮料的碳酸化。

4. 利用 LSCF 管使 CO_2 易于捕集

一项最近的科研成果表明，采用先进陶瓷材料制作的微细管，通过控制燃烧过程，可望使发电站的温室气体排放减少至近乎于零。这种称为 LSCF 的材料具有从空气中过滤氧气的显著特征。这样，通过在纯氧中燃烧燃料，就可产生近乎纯 CO_2 的气流，纯 CO_2 具有可再加工为有用化学品的潜在商业化用途。LSCF 是相对较新的材料，它原为燃料电池技术而开发，许多国家已研

究了数十年之久，主要用作燃料电池的阴极。

5. 分离 CO_2 的膜法技术

美国得克萨斯大学的工程技术人员开发的改进型塑料材料可大大改进从天然气中分离 CO_2 的能力。这种新的聚合物膜可自然地仿制电池膜中才有的小孔，基于它们的形状，其独特的沙漏形状可有效地分离分子。科学工业研究组织 2007 年 10 月的评价表明，它可从甲烷中分离 CO_2。像海绵一样，它仅吸收某些化学品。新的塑料允许 CO_2 或其他小分子通过沙漏形状的小孔，而天然气（甲烷）则不会通过这些相同的小孔移运。这种热重排（TR）塑料通过小孔分离 CO_2 要优于常规膜。Benny Freeman 教授的实验室研究也表明，热重排塑料膜的分离速度也较快，比常规膜去除 CO_2 要快几百倍。

6. 从大气中直接捕集 CO_2 的技术

美国哥伦比亚大学的科学家于 2007 年 10 月中旬宣布，正在加快开发从大气中直接捕集 CO_2 的工业技术。分析认为，这样可从分散和移动的排放源中捕集全球温室气体中 50% 的 CO_2，甚至无需完全采用碳捕集和贮存（CCS）技术，据统计，大的静止点排放源产生超过 0.1 兆吨/年的 CO_2。由 Frank Zeman 提出的技术基于 Klaus Lackner 以前在哥伦比亚大学所做的工作，已确立了这一特定的空气捕集工艺过程的热动力学的可行性。Klaus Lackner 于 1999 年首次提出从空气中去除 CO_2 以达到碳捕集和贮存的目的。新的研究成果已在美国《环境科学和技术》2007 年 11 月版上发布。

7. 海藻生物反应器去除 CO_2

开发 Chinchilla 地下煤气化（UCG）从合成气制油的澳大利亚 Linc 能源公司 2007 年 11 月底宣布，与 BioCleanCoal 公司组建各持股 60% 和 40% 的合资企业，开发将工艺过程 CO_2 转化为氧气和生物质用的海藻生物反应器。该合资公司将开发生物反应器，通过光合作用将 CO_2 转化为氧气和固体生物质，以持久地和安全地从大气中去除 CO_2。Linc 能源公司将在今后一年内投入 100 万澳元，开发原型装置，用于在 Chinchilla 地区运行。BioCleanCoal 公司是生物技术公司，专长于利用海藻将 CO_2 转化为氧气和生物质。

CO_2 注入地下提高油气田采收率

国外研究实践表明，CO_2 的地下储存，作为温室气体减排和资源化利用之间的结合点，展示了实现温室气体资源化利用并提高油气采收率的广泛应用前景，有可能成为在经济开发与环境保护上可实现双赢的有效方法。

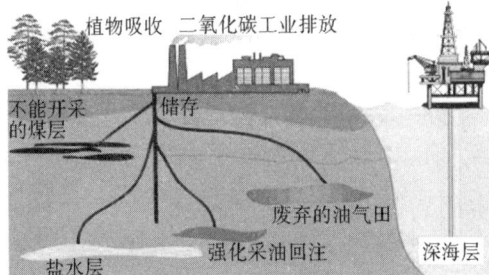

二氧化碳存储

随着经济的快速发展对能源生产和消耗需求的增长，我国的 CO_2 排放总量在 21 世纪可能达到很高的水平，面临的 CO_2 减排的形势十分严峻。我国是《京都议定书》的签约国。虽然《议定书》中没有规定包括中国在内的发展中国家在 2012 年前的具体减排量，但无论是从对人类肩负的责任，还是从我国长期可持续和谐发展来考虑，都迫切要求我们超前准备，对温室气体减排和高效利用的基础研究和技术储备予以高度的重视。

CO_2 捕获与封存（CCS）主要包括 3 个部分：1. 捕获，即收集并浓缩工业和能源所产生的 CO_2；2. 运输，把 CO_2 源处捕获的 CO_2 输运到合适的封存地点；3. 封存，把 CO_2 注入地下地质构造中，注入深海，或者通过工业流程使之固化为碳酸盐。目前世界开展 CO_2 地质储存方法，包括注入正在开采的油气田提高油气采收率，以及注入煤层（含注入深部不可采煤层）获得煤田甲烷，主要把经济效益放在首位；而注入已经废弃的油气田，注入地下咸水层，海底储存，注入相关岩体与矿物反应，生成碳酸盐矿物，实现对碳的永久储存等方法，则主要考虑环境效益。

注入 CO_2 以提高原油采收率，是实现温室气体资源化利用与地下封存的有效途径之一。

国内外已有的研究和应用成果表明，油气藏是封闭条件良好的地下储气库，可以实现 CO_2 的长期埋存。实行 CO_2 高效利用与地质埋存相结合的技术思路是缓解环境污染压力、提高石油采收率的有效途径。

目前我国已开发油田的标定采收率为 32.2%，仍然有 60% 以上的地质储量需要采用"三次采油"进行开采，提高采收率有较大的余地。1999 年我国

提高石油采收率潜力评价结果表明，通过注 CO_2 气体、提高采收率在地质储量中约占 13.2%，初步估计有 50% 适合注 CO_2 气体提高采收率。另外，新发现低渗油藏储量 63.2 亿吨中，其中 50% 以目前成熟技术没能有效开发，可通过注 CO_2 气体使得这些新发现低渗油藏得到有效开发。将回收的 CO_2 注入油气藏提高原油采收率，不仅可以长期储存 CO_2，履行减排义务，而且还可以更好地提高原油和天然气的采收率，取得经济效益。此外，将 CO_2 注入煤层气藏，也会将提高煤层气采收率；将 CO_2 注入盐水层可以长期埋存。CO_2 高效利用与地质埋存相结合的技术思路已引起我国及世界各国的高度重视，CO_2 提高石油采收率与地质埋存一体化技术已成为促进 CO_2 排放的发展方向。

用 CO_2 回收煤层气

CO_2 回收煤层气增强技术被视为一种有广阔商业前景的新兴环保技术。该技术于 20 世纪 90 年代出现，目前仍处于起步阶段。一些美国专家认为，煤层气可成为一种稳定和比较干净的廉价能源。在煤气供应吃紧、天然气价格上升的背景下，煤层气回收增强技术将在能源工业中扮演重要角色。

煤层气主要成分为甲烷。瓦斯爆炸是煤矿安全的主要隐患之一，如果能对煤层气加以回收和合理利用，可以减少事故隐患。由于煤层气回收增强技术利用的是与甲烷同是温室气体的 CO_2，在弥补能源短缺的同时还可减少温室气体的排放。

煤层气回收增强技术是把 CO_2 注入不可开采的深煤层中加以储藏，同时排挤出煤层中所含的甲烷加以回收的过程，氮气也同样适用于这一方法。该技术对热电厂而言有特别重要的意义。发电厂和机动车辆是温室气体的"排放大户"，热电厂排放的废气成分以二氧化碳和氮气为主，为达到环保要求，美国发电厂在废气处理的过程中需要分离出二氧化碳加以储藏，而这样做的成本很高。热电厂一般位于煤矿附近地区，如果能将煤层气回收增强技术商业化，便能节省二氧化碳的运输费用。美国一些专家从环保、开发新能源、减少对进口能源的依赖和市场等方面进行论证之后，认为煤层气回收增强技术有极大的应用潜力和商业前景。

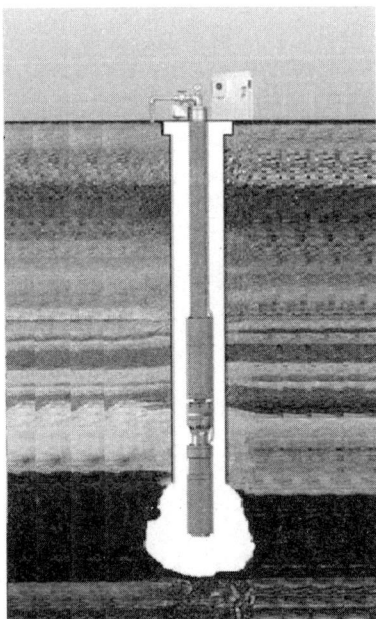

回收煤层气示意图

二氧化碳能增加煤层气的回收，而且其本身被煤层隔离封闭，是一个复杂的物理和化学的互相作用过程。甲烷和二氧化碳以一定的比例存在于煤层中，煤层中既有气态的甲烷和二氧化碳，也有吸附态的甲烷和二氧化碳存在。当纯二氧化碳注入煤层时，气态的甲烷就被挤出，由于二氧化碳具有高度的吸附性，煤层会迅速吸附二氧化碳并排出原先吸附的甲烷。把二氧化碳注入目前不可开采的深煤层中加以储藏，处在一定压力下的二氧化碳就很难流失或泄漏，能提高储藏的安全性，这是煤层气回收带来的另一益处。

美国在 20 世纪 90 年代起开始实施一些煤层气回收增强技术的试点工程，这些工程的目的：一是探索该技术实施的技术性问题，如是否需要专用的钻井和生产技术，何种方式为最佳等等；二是建立一个简单快捷的检测模式，以期能根据煤层数据信息，如地层构造、结构形状、渗透性能、煤质、甲烷含量、吸附能力等和注入气体的性质（如气体成分和比例等）来测定任一煤田的二氧化碳隔离封闭能力。迄今，这些试点工程还没有产生具体的结论。

据介绍，煤层气正日益成为美国天然气供应的重要组成部分。2002 年，美国煤层气产量已占天然气总产量的 8%，其探明储量占天然气探明储量的 10%。

2009 年 5 月，英国在燃煤发电厂测试二氧化碳回收技术，这是为实现燃煤发电的无碳排放而迈出的重要一步。

科学家们将设法用胺对二氧化碳进行液化，然后将其填埋。这项即将历时 3 个月的测试主要是检验胺的液化效率。测试一旦获得通过，首座完全回

收二氧化碳的工厂可望于 2014 年投入运作。该项目在政府二氧化碳回收计划框架内，由能源公司"苏格兰电力"负责实施。

由于燃煤发电厂排放的二氧化碳造成的空气污染严重，英国政府不久前已决定不再兴建燃煤发电厂。现有的燃煤发电厂只有将二氧化碳排放量限制在一定范围内，才能继续运营。英国政府还投资 10 亿英镑用于二氧化碳回收技术的研发。

➡ 知识点

光合作用

光合作用是植物、藻类和某些细菌在可见光的照射下，利用光合色素，将二氧化碳（或硫化氢）和水转化为有机物，并释放出氧气（或氢气）的生化过程。光合作用是一系列复杂的代谢反应的总和，是生物界赖以生存的基础，也是地球碳氧循环的重要媒介。

动物和人类生存所需要的一切物质、能量和氧气都来自光合作用。除此之外，研究光合作用，对农业生产，环保等领域起着基础指导的作用，如建造温室，加快空气流通，以使农作物增产等。

▌▌▌世界减排温室气体的努力

温室气体或称温室效应气体，是指大气中促成温室效应的气体成分。自然温室气体包括水汽（H_2O），水汽所产生的温室效应大约占整体温室效应的 $60\% \sim 70\%$；其次是二氧化碳（CO_2），大约占 26%；其他还有臭氧（O_3）、甲烷（CH_4）、氧化亚氮（又称笑气，N_2O）以及人造温室气体氟氯碳化物（CFCs）、全氟碳化物（PFCs）、氢氟碳化物（HFCs）、含氯氟烃（HCFCs）、六氟化硫（SF_6）等。

近年来最引人注意的全球气温快速上升问题，主要是由于人为作用，使大气中温室气体的浓度急剧上升所导致的。人类近代历史上的温室效应，与过去相比特别的显著，全球暖化即适用于形容现在的异常情形。之所以如此，是由于工业革命以来，人类燃烧化石燃料而使二氧化碳含量急剧增加，近10年来增加将近30%；其次是甲烷，是从饲养牲畜的粪便发酵，污水泄漏，稻田粪肥发酵等活动产生的；还有许多人类合成的，自然界原本不存在的气体，如氟利昂。

温室气体的增加，加强了温室效应，是造成全球暖化的主要原因，已成为世界各国的共识，也是一种全球性的污染，《京都议定书》正是为了采取措施减少温室气体排放，由联合国发起，世界各国达成的协议。

温室气体排放现状

地球的大气中重要的温室气体包括水蒸气（H_2O）、臭氧（O_3）、二氧化碳（CO_2）、氧化亚氮（N_2O）、甲烷（CH_4）、氢氟氯碳化物类（CFCs，HFCs，HCFCs）、全氟碳化物（PFCs）、六氟化硫（SF_6）等。由于水蒸气及臭氧的时空分布变化较大，因此在进行减量措施规划时，一般都不将这两种气体纳入考虑。1997年在日本京都召开的联合国气候化纲要公约第三次缔约国大会中所通过的《京都议定书》，明订针对6种温室气体进行削减，包括上述所提及之二氧化碳（CO_2）、甲烷（CH_4）、氧化亚氮（N_2O）、氢氟碳化物（HFCs）、全氟碳化物（PFCs）及六氟化硫（SF_6）。其中以后3类气体造成温室效应的能力最强；但对全球升温的贡献百分比来说，二氧化碳由于含量较多，所占的比例也最大，约为55%。

目前，由于地球大气中二氧化碳的含量显著增高，阻止了地球热量的散失，使得地球发生了可感觉到的气温升高。这种温室效应已经对人类的生存和社会经济可持续发展构成了极其严重的威胁。

温室气体排放

为减少温室气体排放，欧盟于2007年年初制订温室气体减排目标：与1990年比，2020年温室气体减排至少平均减少20%，2030年减少30%，

长期目标是 2050 年为 1990 年排放水平的 50%。这一减排措施将通过提高能效和使 2020 年可再生能源应用目标达 20% 份额来达到。截至 2006 年，可再生能源占欧洲能源份额小于 7%。

2005 年 12 月 5 日，加拿大蒙特利尔召开有关全球气候变暖的国际会议，联合国气候变化框架协议 22 个签约国代表集中讨论《京都议定书》生效来，全球气候变化情况，目的是削减碳排放污染，实现 2012 年的减排目标。

国际能源署（IEA）指出，到 2030 年世界能源需求将增长 60%，能源需求增长 60%，CO_2 排放也将增多，这是一个严峻的挑战。尽管国际气候变化协议（《京都议定书》）要求降低 CO_2 排放，但随着发电和石油需求的增长，CO_2 的排放仍在快速增多。

来自化石燃料燃烧排放的 CO_2 正在继续增多，全球自然碳循环不能除去所有排放到大气中的 CO_2。在碳循环中，绿色植物通过光合作用从大气中除去碳或封存碳，这一过程从氧原子分离 CO_2 中的碳原子，再将氧气返回大气，并使碳转化为生物质。转化因子为 3.67 吨 CO_2 相当于 1 吨碳；19000 立方英尺 CO_2 相当于 1 吨 CO_2。

美国能源情报署（EIA）的分析认为，2003 年世界人为制造的 CO_2 排放为 251 亿吨/年。排放的 CO_2 分解如下：石油为 105 亿吨/年；天然气为 53 亿吨/年；煤炭为 93 亿吨/年。

截至 2006 年，全世界二氧化碳排放量至少在 270 亿吨以上。能源专家预测，到 2030 年排放量可能达 380 亿吨以上。

温室气体减排的全球行动

哥本哈根气候大会

哥本哈根气候大会全称是《联合国气候变化框架公约》第 15 次缔约方会议暨《京都议定书》第 5 次缔约方会议，这一会议也被称为哥本哈根联合国气候变化大会，于 2009 年 12 月 7 日~18 日在丹麦首都哥本哈根召开。12 月 7 日起，192 个国家的环境部长和其他官员们在哥本哈根召开联合国气候会议，商讨《京都议定书》一期承诺到期后的后续方案，就未来应对气候变化

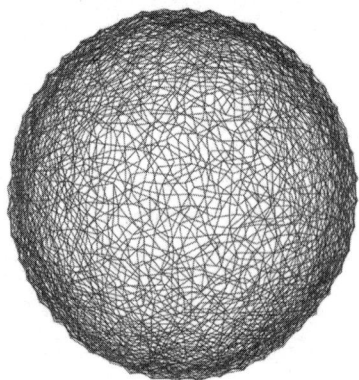

COP15
COPENHAGEN
UN CLIMATE CHANGE CONFERENCE 2009

哥本哈根气候大会标志

的全球行动签署新的协议。这是继《京都议定书》后又一具有划时代意义的全球气候协议书，毫无疑问对地球今后的气候变化走向产生决定性的影响。这是一次被喻为"拯救人类的最后一次机会"的会议。会议在现代化的 Bella 中心举行，为期 2 周。会议达成不具法律约束力的《哥本哈根协议》。《哥本哈根协议》维护了《联合国气候变化框架公约》及其《京都议定书》确立的"共同但有区别的责任"原则，就发达国家实行强制减排和发展中国家采取自主减排行动作出了安排，并就全球长期目标、资金和技术支持、透明度等焦点问题达成广泛共识。

欧盟的节能减排战略

欧盟国家能源政策一般有 3 个内容：一是能源效率；二是能源节约；三是可更新能源。而推出的各种政策工具和技术手段都集中于二氧化碳排放的控制。在欧盟，能源消耗中工业占 22%，交通占 24%。一次能源在转换（如电或热等）中的耗损占 35%。扣除这项耗损后，超过 30% 的能源为建筑物所消耗。所以各国都在工业、交通、建筑物、电器设备和照明等领域围绕控制二氧化碳排放来设计政策。

（1）建筑物节能。①建筑物能源证书制度，欧盟各国都已推行。政府对所有建筑物都按每平方米耗能情况进行登记，并制作成证书。法律规定业主出租或出售住宅，必须同时出具此证书。丹麦的建筑物能源证书分别对一家一户型住宅、公寓式住宅和商用办公建筑颁发。新建筑必须符合新的能源标准方可开工。②鼓励建筑物节能改造。德国全国有 3900 万套住宅，其中有 75% 建于 1979 年之前。法律规定若业主要对住宅翻新改造，必须符合新的能

耗标准。政府相应推出鼓励措施，由国家开发银行给予低息贷款支持，联邦政府再补贴银行。一旦改造后的建筑物达到二氧化碳减排指标，业主还款的本金还可免除15%。2001~2005年，仅实现建筑物的二氧化碳减排标准，联邦政府为贷款补贴支付了15亿欧元；2006~2009年将达40亿欧元。目前全国已有500万套住宅改造获得优惠贷款，减排二氧化碳400万吨。德国还出现"零供热"建筑，全年都依靠太阳能取暖。

（2）交通节能。①汽车发动机改造。由于柴油发动机比汽油发动机能耗低35%，到2005年，德国全国汽车已有50%为柴油发动机。1990年以来，汽油发动机的效率也提高了20%~25%。1990~2004年，全国汽车发动机效率提高了1倍，汽车燃料消耗减少了40%。②税收。德国的汽油价格中，税收占70%。法律还针对高速公路货车按二氧化碳的排量收费，而使用天然气的汽车到2020年前享受免税优惠。③推广新型燃料。第二代生物燃料占市场的3.4%，由此每年二氧化碳减排500万吨。④能耗标识制度。尽管政府没有强制淘汰高耗能汽车，但有了强制性的能耗标识，类似于家电、建筑物那样，消费者自然容易做出选择。2012年之前高耗能汽车生产设备有望逐步淘汰。

（3）家电和照明节能。丹麦在2005年10月设立了节能信托基金，如对节能冰箱每一台都有补贴。比利时弗莱芒区地方政府向居民发放购物券，指定此券在2006~2007年间必须用于购买节能灯具。

（4）可再生能源发电强制收购（Feed-in）。与常规能源发电比，可再生能源（生物、风能、太阳能等）发电成本高。针对电网公司缺乏收购动力，政府有3种政策干预模式：①以意大利为代表的配额制，要求电网运营商分担购买某一固定数额的电量；②以爱尔兰为代表的招投标制；③以法国和德国为代表的按保护价强制收购接入（Feed-in）。在德国，四大电网运营商收购常规能源发电价格为20欧分/千瓦时左右，但收购可再生能源发电价格为50欧分/千瓦时。政府允许电网提高电力零售价格（0.65欧分/千瓦时）。为此平均每个德国家庭每月增加电费开支1.5欧元。这种模式的电价比配额制低8欧分/千瓦时。公开招标制下电价也较低，但因招标周期问题，不利于能源产业长期发展。爱尔兰正拟转向Feed-in。丹麦还对电网重新进行了国有化，对新能源也实行 Feed-in 制度,风力发电占其电力的 21%。

（5）二氧化碳排放配额交易。欧盟根据对《京都议定书》的承诺,让各成员国分别承担了二氧化碳的减排任务,然后各国又对能源、加工制造业等排放二氧化碳的企业核定排放配额作为合法"排放权",企业若超额排放,必须到市场上购买配额。这就形成了企业之间排放权的配额交易市场。据称德国企业二氧化碳排放配额近于用完。此外,根据世界银行的一项安排,这些企业还可以通过帮助发展中国家减排,相应地增加自己的配额。

（6）发电减排。在丹麦,发电用柴油价格中能源税和二氧化碳税占了 2/3;发电用煤价中能源税、二氧化碳税超过 85%。但可再生的如木屑、草不征能源税。结果化石燃料几乎为生物燃料价格的 2 倍,而发电后每度电的收益率前者却远低于后者。这就极大地刺激了可再生能源和垃圾发电的开发。热电联产减排,即发电和供热业务合并,网点铺开,以大幅减少热和电的传输损失。20 世纪 80 年代中期,丹麦的供热和发电集中于 15 家企业。实行热电联产后,热电厂星罗棋布,2005 年达 694 家。结果,燃料消耗减少 30%,燃料热效由 40% 升至 90%。

（7）政策公关。为保证政策顺利实施,政府需要就节能减排政策意图和意义与公众、能源提供商、工业企业以及社会中介组织联络,进行政策宣传、项目咨询和信息沟通等服务。有关机构还与其他国家或国际组织广泛交流。这些工作不仅政府部门自己做,还委托大量的社会组织代理,它们的分支遍布社区。

（8）立法保障。欧盟关于能源节约和能源效率颁布了若干指令。建筑物能源指令（2002 年）提出了计量建筑物能耗的方法,设立新建筑物最低能效标准,建立建筑物能源标识制度,业主在出租、出售房屋时必须出具能耗等级证书,公共建筑物上必须标示能耗证书。欧盟能源效率指令,要求在 2008 ~ 2016 年的连续 9 年中要节能 9%,每年节能 1%。此指令对公共部门、能源供应商都规定了具体的义务,并设计了详细的测算、审计和报告方法。欧盟生态设计指令规定了锅炉、热水、办公自动化设备、电视机、充电器、办公照明、街道照明、空调器等 14 种产品或设施的技术与经济标准。德国从 1976 年以来,先后颁布了建筑物节能法、机动车辆税法、热电联产法、节能标识

法、生态税改革法、可再生能源法等 8 部法律。这些立法都有相应的政府部门负责实施，如联邦经济技术部负责节能和提高能效工作；环境和核安全部负责二氧化碳减排、再生能源和核能工作；交通、建筑与城市发展部负责交通、建筑物的节能工作等等。

节能减排可成为经济增长的重要动力，决策者对此必须有深刻认识，并率先垂范。2006 年，丹麦议会 7 个党派达成共识，要求今后几年公共部门能耗每年降低 1.5%。丹麦 1980 年以来 GDP 约增长 50%，但能源消费（不考虑交通业）几乎无增长，单位 GDP 的耗能（即能源强度）每年降低 1.9%，二氧化碳排放每年恒定。德国在 1990～2005 年的 15 年间经济增长 25%，能源总消耗却下降 5%。

知识点

工业革命与污染

工业革命又称产业革命，是指资本主义工业化的早期历程，即资本主义生产完成了从工场手工业向机器大工业过渡的阶段。这一历程从 18 世纪中期的英国开始，后来逐步传播到欧美其他资本主义国家，直到 19 世纪末才完成。

工业革命的开始以蒸汽机的发明和完善为基础，煤炭作为提供蒸汽动力的主要燃料开始被大规模地开发应用。环境问题从此日益严重，超过了过去几千年里人类对自然环境影响的总和。

低碳生活与可再生能源的利用

DITAN SHENGHUO YU KE ZAISHENG NENGYUAN DE LIYONG

随着能源危机和环境污染的日趋严重，人们已经认识到，单凭煤、石油、天然气等常规能源已经无法满足人类社会可持续发展的需要了。特别是进入21世纪以来，随着高科技的层出不穷，能源的储量、生产和使用之间的矛盾日益突出，成为世界各国亟待解决的重大问题。而且环境污染和生态破坏的问题也越来越严重。因此，寻找对环境无污染或污染很小的可再生能源就成为21世纪中科学家的重要任务。

目前，太阳能、核能、风能、海洋能和生物能等可再生能源的发展和应用为人类的能源问题指出了一条道路。它们的应用不但推动了社会生产力的进步，还使得人类从有限的一次能源使用转向多样化的、再生的、取之不尽的洁净能源的使用。使用洁净的可再生能源是人类低碳生活的重要组成部分，这对优美环境的保护无疑是非常有益的。

开发清洁环保的太阳能

太阳是一个炽热的气体球，蕴藏着无比巨大的能量。地球上除了地热能

和核能以外，所有能源都来源于太阳能，因此可以说太阳能是人类的"能源之母"。没有太阳能，就不会有人类的一切。

太阳一刻不停地向宇宙空间中发送着大量的能量。据计算，仅 1 秒钟发出的能量就相当于 1.3 亿亿吨标准煤燃烧时所放出的热量。太阳发送到地球上的能量虽然很多，但只占它向外辐射能量的 22 亿分之一。由于地球表面大气层的反射和吸收，真正到达地球表面的太阳能，大约相当于目前全世界所有电站发电能力总和的 20 万倍。地球每天接收的太阳能，相当于全球一年所消耗的总能量的 200 倍。太阳发光放热的历史已达 40 多亿年以上，据科学家们预计，太阳释放巨大能量的时间还将持续几十亿年。因此，太阳可称得上是人类取之不尽、用之不竭的能源宝库。

对人类来说，太阳释放的能量还包括地球上的各种能源，例如煤炭、石油以及风能、海洋能、地热能等，它们都是由太阳能转化而成的。另外，与其他能源相比，太阳能具有独特的优点：

（一）它没有一般煤炭、石油等矿物燃料产生的有害气体和废渣，因而不污染环境，被称作"干净能源"。

（二）到处都可以得到太阳能，使用方便、安全。

（三）成本低廉，可以再生。

自古以来，人们就注意利用太阳能。早在几千年前，我们的祖先就曾用"阳燧"这种简单的器具向太阳"取火"。据说古希腊著名物理学家阿基米德曾用巨大的镜子聚集太阳光，一举烧毁了敌人的帆船队。然而，人们对太阳能的深刻认识和开发利用，直到最近的二三十年内才真正开始。

1945 年，美国贝尔电话实验室制造出了世界上第一块实用的硅太阳能电池，开创了现代人类利用太阳能的新纪元。

人们利用太阳能的方法主要有 3 种：1. 使太阳能直接转换成电能，即光电转换。太阳能电池就属于这种转换方式。2. 使太阳能直接转变成热能，即光热转换，如太阳能热水器等。3. 使太阳能直接转变成化学能，即光化学转换，如太阳能发动机等。

实际上，人类有意识地利用太阳能，首先是从取暖、加热、干燥和采光等太阳能的热利用开始的。近 10 多年来，太阳能的光热利用发展很快，已经制成了式样繁多的各类太阳能集热器,将太阳光的热能用于取暖、制冷、通风、烘干、冶炼、洗浴、灌溉、养鱼、发电等许多方面,节省了大量的其他能源,并为能源短缺地区提供和解决了所需要的能源。

对太阳能这种新能源的开发利用,当前还仅处于初始阶段。随着科学技术的发展和人们对能源日益增长的需求,太阳能的开发利用必将出现一个蓬勃发展的新局面。

太阳能电站

通常人们所说的太阳能电站,指的是太阳能热电站。这种发电站先将太阳光转变成热能,然后再通过机械装置将热能转变成电能。

太阳能电站

太阳能电站能量转换的过程是:利用集热器(聚光镜)和吸热器(锅炉)把分散的太阳辐射能汇聚成集中的热能,经热换器和汽轮发电机把热能变成机械能,再变成电能。它与一般火力发电厂的区别在于:其动力来源不是煤或燃油,而是太阳的辐射能。一般来说,太阳能电站多数采用在地面上设置许多聚光镜,以不同角度和方向把太阳光收集起来,集中反射到一个高塔顶部的专用锅炉上,使锅炉里的水受热变为高压蒸汽,用来驱动汽轮机,再由汽轮机带动发电机发电。

另外,太阳能电站的独特之处还在于电站内设有蓄热器。当用高压蒸汽推动汽轮机转动的同时,通过管道将一部分热能储存在蓄热器中。如果在阴天、雨天或晚上没太阳时,就由蓄热器供应热能,以保证电站连续发电。世界上第一座太阳能热电站,是建在法国的奥德约太阳能热电站,这座电站当时的发电能力仅为64千瓦。但它却为以后太阳能热电站的建立和发展打下了基础。

1982年,美国建成了一座大型塔式太阳能热电站,这座电站用了1818个

聚光镜，塔高 80 米，发电能力为 10000 千瓦。它利用太阳能把油加热，再用高温油将水变成蒸汽，利用蒸汽来推动汽轮发电机发电。

太阳能热电站不足之处在于：1. 需要占用很大地方来设置反光镜；2. 它的发电能力受天气和太阳出没的影响较大。虽然热电站一般都安装有蓄热器，但不能从根本上消除影响。因此，人们设想把太阳能热电站搬到宇宙空间去，从而能使热电站连续不断地发电，满足人们对能源日益增长的需要。

太阳能热管

热管通常又叫真空集热管，它在结构上与我们平常所用的热水瓶相似，但热水瓶只能用来保温。而太阳能热管却能巧妙地吸收太阳的热能，即使阳光很微弱，它也能达到较高的温度，比一般太阳能集热器的本领强多了。

热管之所以有这么大的本领，主要是因为它的结构较特殊，能充分地吸热和保温。热管有一个透明的玻璃管壳，里面密封着能装液体或气体的吸热管，两管之间抽成真空。这样，在吸热管周围形成了性能良好的真空绝热层，这和热水瓶胆的内外层之间保持真空的原理是一样的，都是为了防止热量散失出去。吸热管的材料可以是金属，也可以是玻璃，在它的外表面涂有选

太阳能热管

择性的吸热涂层。当阳光照在热管上，吸热管的涂层就能大量吸收光能，并将光能转变成热能，从而使吸热管内装的液体或气体的温度升高。

热管的特殊结构使它一方面通过吸热管外壁上的涂层而尽可能吸收更多的阳光，并及时转变成热能；另一方面，在能量吸收和转换中最大限度地减少热量损失。也就是说，它用抽真空等办法堵死了热量散失的一切渠道。因此，在阳光很微弱的情况下，热管也能将阳光巧妙地集聚和保存起来，从而达到较高温度。

太阳能热管不仅集热性能好，而且拆装方便，使用寿命长，因而获得了人们的好评。它可以单个使用，如用在太阳能灶上，代替平板式集热器；也可根据需要，用串联或并联的方式将几十支热管装在一起使用。

热管在一天之内可以提供大量的工业用热水，又能一年四季不断地为它的主人供应所需要的热能。此外，热管还广泛用于海水淡化、采暖、空调、制冷、烹调和太阳能发电等许多方面，是一种深受人们欢迎的太阳能器具。

太阳池发电

水平如镜的水池也能用来发电，这可能是许多人没有想到的。因此，利用水池收集太阳能发电，可以说是迄今为止将太阳辐射能转换为电能的最美妙的构想之一。

太阳池就是利用水池中的水吸收阳光，从而将太阳能收集和贮存起来。这种太阳能集热方法，与太阳能热水器的原理相似。但是，用太阳能热水器贮存大量的热能，需要另设蓄热槽，而太阳池的优越之处在于，水池本身就可充当贮存热能的蓄热槽。

一般的水池，当阳光照射时，池水就会发热，并引起水的对流，即热水上升，冷水下沉。当温度较高的水不断从底部上升到池面时，通过蒸发和反射将热能释放到空气中。这样，池中的水大体上保持着一定的温度，但无论天气多么热，经过的时间如何长，水温总达不到气温以上。为了提高池中的水温，人们想了许多办法，其中最引人注目的就是利用盐水蓄热。

这种提高水温的办法，是受到一种自然现象的启发而产生的。早在1902年，科学家们考察罗马尼亚一个浅水湖时发现，越是靠近湖底，水温就越高，即使在夏末时，水温有时可高达70℃。这种现象是如何产生的呢？

原来，湖底水温之所以高，是因为水中含有盐分，而且越是靠近湖底的水，其所含盐分的浓度就越大。

通常，湖底处的热水会因密度变小而升到水面，从而形成对流。但是当水中的盐分浓度很高时，水的密度就会随之增大，这样热水就难以升到水面，从而打乱了水热升冷降的循环过程。由于湖水无法形成对流，热量便在湖底处蓄积起来，而湖面上较轻的一层水，就像锅盖一样将池底的热能严严实实

地封住。结果，湖底的水温就会越来越高。

目前，世界上许多国家对太阳池发电很感兴趣，认为它提供了开发利用太阳能的新途径，而且这种发电方式比其他利用太阳能的方法优越。同太阳热发电、太阳光发电等应用太阳能的技术相比，太阳池发电的最突出优点是构造简单，生产成本低，它几乎不需要价格昂贵的不锈钢、玻璃和塑料一类的材料，只要一处浅水池和发电设备即可；另外它能将大量的热贮存起来，可以常年不断地利用阳光发电，即使在夜晚和冬季也照常可以利用。因此，有人说太阳池发电是所有太阳能应用中最为廉价和便于推广的一种技术。

美国对这项利用太阳能的新技术十分重视，一个由政府资助的科学家组织对全国进行了调查，以确定太阳池发电计划和建造发电站的地方。至今美国已修建了 10 个太阳池，以便进行研究试验。

在澳大利亚，已建成了一个面积为 3000 平方米的太阳池，并将用它发电，以便为偏僻地区供电，并进行海水淡化和温室供暖等。日本农林水产省土木试验场已建有 4 个 8 米见方、深 2.5～3 米的太阳池，用来为温室栽培和水产养殖提供热能。

人们在太阳池发电的推广使用中，对其可能出现的问题能够及时地予以研究解决。例如，起初人们估计铺在池底的薄膜会发生破裂，从而使盐水流出，污染水池下面的土壤。但是实践证明，薄膜的防渗漏性能很好，没有出现上述问题。对于太阳池发电所需要的大量盐，则可以利用太阳池的热能去带动海水淡化装置来解决。就当前的实际应用情况来看，太阳池在供热和发电方面还存在一些不足之处。但我们相信，随着科学技术的进步，在不久的将来，太阳池发电将作为一种廉价的电源得到普遍应用。

太阳能气流电站

利用太阳能发电的方式很多，其中最为新奇的是太阳能气流发电。由于这种电站有一个高大的"烟囱"，所以也被称作太阳能烟囱电站。

太阳能电站既不烧煤，也不用油，所以这个烟囱并非是用来排烟的，而是用它抽吸空气，所以确切点说应称其为太阳能气流电站。

太阳能气流电站的中央，竖立着一个用波纹薄钢板卷制而成的大"烟

太阳能烟囱电站

囱", 在"烟囱"的周围是巨大的环形曲面半透明塑料大棚, 在烟囱底部装有汽轮发电机。当大棚内的空气经太阳曝晒后, 其温度比棚外空气高约20℃。由于空气具有热升冷降的特点, 再加上大"烟囱"向外排风的作用, 就使热空气通过"烟囱"快速地排出去, 从而驱动设在烟囱底部的汽轮发电机发电。

由于太阳能气流电站占地较大, 所以今后的气流电站将要建在阳光充足、地面开阔的沙漠地区。另外, 塑料大棚内的地方很大, 温度又较高, 可利用起来作暖房, 种植蔬菜和栽培早熟的农作物。

太阳能气流电站的建造成功, 使人类利用太阳能的技术得到进一步的提高, 并为利用和改造沙漠创造了良好的条件。

太阳能电池

要将太阳向外辐射的大量光能转变成电能, 就需要采用能量转换装置。太阳能电池实际上就是一种把光能变成电能的能量转换器, 这种电池是利用"光生伏打效应"原理制成的。

单个太阳能电池不能直接作为电源使用。实际应用中都是将几片或几十片单个的太阳能电池串联或并联起来, 组成太阳能电池方阵, 便可以获得相当大的电能。

太阳能电池的效率较低、成本较高, 但与其他利用太阳能的方式相比, 它具有可靠性好、使用寿命长、没有转动部件、使用维护方便等优点, 所以能得到较广泛的应用。

太阳能电池最初是应用在空间技术中的, 后来才扩大到其他许多领域。据统计, 世界上90%的人造卫星和宇宙飞船都采用太阳能电池供电。美国已

在 2008 年研究开发出性能优异的太阳能电池，其地面光电转换率为 35.6%，在宇宙空间为 30.8%。澳大利亚用激光技术制造的太阳能电池，在不聚焦时转换率达 24.2%，而且成本较低，与柴油发电相近。

太阳能电池组件

在太阳能电池方阵中，通常还装有蓄电池，这是为了保证在夜晚或阴雨天时能连续供电的一种储能装置。当太阳光照射时，太阳能电池产生的电能不仅能满足当时的需要，而且还可提供一些电能储存于蓄电池内。

有了太阳能电池，就为人造卫星和宇宙飞船探测宇宙空间提供了方便、可靠的能源。1953 年，美国贝尔电话公司研制成了世界上第一个硅太阳能电池。而到 1958 年，美国就发射了第一颗由太阳能供电的"先锋 1"号卫星。现在，各式各样的卫星和空间飞行器上都安装了布满太阳能电池的铁翅膀，使它们能在太空里远航高飞。

卫星和飞船上的电子仪器和设备，需要使用大量的电能，但它们对电源的要求很苛刻：既要重量轻，使用寿命长，能连续不断地工作，又要能承受各种冲击、碰撞和振动的影响。而太阳能电池完全能满足这些要求，所以成为空间飞行器较理想的能源。

通常，根据卫星电源的要求将太阳能电池在电池板上整齐地排列起来，组成太阳能电池方阵。当卫星向着太阳飞行时，电池方阵受阳光照射产生电能，供应卫星用电，并同时向卫星

人造卫星的电池板

上的蓄电池充电;当卫星背着太阳飞行时,蓄电池就放电,使卫星上的仪器保持连续工作。

太阳能电池还能代替燃油用于飞机。世界上第一架完全利用太阳能电池作动力的飞机"太阳挑战者"号已经试飞成功,共飞行了 4.5 小时,飞行高度达 4000 米,飞行速度为 60 千米/时。在这架飞机的尾翼和水平翼表面上,装置了 16000 多个太阳能电池,其最大能量为 2.67 千瓦。它是将太阳能变成电能,驱动单叶螺旋桨旋转,使飞机在空中飞行的。

2009 年 3 月,加拿大男子马塞洛开着他研制的新型太阳能汽车从加拿大来到了美国洛杉矶,向人们展示他的杰作。安装在汽车表面的这些小型太阳能电池板可以为这辆车提供所需的能量。在阳光充足的日子里,这辆车每天可以跑成百上千公里。而且它只要 6 秒钟就可以将时速从 0 提高到 50 公里,而最高车速可以达到 112 公里/时。马塞洛说,他用 10 年时间,花了 50 万美元才完成了这款太阳能汽车。

太阳能轿车

2008 年 10 月,第 29 届浙江国际电动车展上,有一辆前所未有的市售版太阳能汽车首度发表,这标志着我国太阳能电池的研制已经达到国际先进水平。此外,我国还将太阳能电池用于路灯照明上,太阳能路灯以太阳光为能源,白天充电晚上使用,无需复杂昂贵的管线铺设,可任意调整灯具的布局,安全节能无污染,无需人工操作,工作稳定可靠,节省电费,免维护。

太阳能电池在电话中也得到了应用。有的国家在公路旁的每根电线杆的顶端,安装着一块太阳能电池板,将阳光变成电能,然后向蓄电池充电,以供应电话机连续用电。蓄电池充一次电后,可使用 26 个小时。现在在约旦的一些公路上,已安装有近百台这种太阳能电话。当人们遇有紧急事情时,可

随时在公路边打电话联系，使用非常方便。

由于太阳能电话安装简单，成本较低，又能实现无人管理，还能防止雷击，所以很多国家都相继在山区和边远地带，特别是沙漠和缺少能源的地区，安装了许多以太阳能电池为电源的电话。

正是由于太阳能电池具有许多独特的优点，因而其应用十分广泛。从目前的情况来看，只要是太阳光能照射到的地方都可以使用，特别是一些能源缺少的孤岛、山区和沙漠地带，可以利用太阳能电池照明、运转空调、抽水、淡化海水，还可以用于灯塔照明、航标灯、铁路信号灯、杀灭害虫的黑光灯、机场跑道识别灯、手术灯等，真可以说是一种处处可用的方便电源。

各国对太阳能的利用

1. 意大利通过立法推广太阳能

为应对日益严峻的能源短缺和环境污染问题，意大利政府颁布的新《能源价格法》规定，使用太阳能发电设备的家庭可以通过电网将剩余电量卖给国家电力公司，而且发电规模越小的用户所获得的收购价格越高，以鼓励更多的家庭使用太阳能。

该法令为小型太阳能发电站的供电价格制定了详细价目表：发电功率在 1～3 千瓦的太阳能发电设备，根据安装位置不同，价格每度电 0.4～0.49 欧元；功率为 3～20 千瓦的，价格为每度电 0.38～0.46 欧元；功率超过 20 千瓦的，每度电的价格为 0.36～0.44 欧元。

普通家庭安装一套七八平方米的太阳能发电设备，大约需要 6500～7000 欧元，使用寿命一般在 25 年左右。用户 10 多年即可收回成本。

意大利太阳能发电总量尚不到 30 兆瓦，政府希望新法令的实施能使太阳能发电总量在 10 年内达到 3000 兆瓦。

2. 阿联酋打造绿色"太阳城"

在阿联酋阿布扎比机场皇室专用航站楼对面，正在修建一座占地 6 平方千米，能容纳 10 万人口居住的"太阳城"。这座"太阳城"将是世界上第一座不使用一滴石油、绝对零排放的绿色城市。阿布扎比当局投资 50 亿美元，一期工程已经初具规模。

阿联酋处于沙漠地带，这里不但蕴藏着丰富的油气资源，太阳能和风能也极为丰富。但相对于日渐枯竭的油气储量来说，太阳能和风能可以说是取之不尽、用之不竭的，这也正是阿联酋启动太阳城项目的原因。根据计划，这将是全世界第一座

远景设计图

完全依靠太阳能、风能等可再生能源，实现零排放的"生态城"。

城区内外将建成大量太阳能光电设备，还有风能收集、利用设施，这样就可以充分利用波斯湾地区丰富的沙漠阳光和海上风能资源，用来保证小城的所有能源供应，并完全实现自给自足。太阳城建成后，城市周边的沙漠中将布满无数太阳能光电板，可以把太阳能直接转化为电能；或者还会有很多反光镜，可以将太阳光聚集起来，带动太阳能发电站工作。在未来，竖立在大海与沙漠之间的众多大型风车也将成为这里一道独特的风景。

这个小城采用了多种充分体现绿色节能理念的有效降温技术手段。首先，城内狭窄的林荫街道纵横交错。不过提供林荫的主要不是树木，而是由覆盖在城区上空的一种特殊材料制成的滤网。这种遮阳滤网，既能将阳光直接转化为电能，也能减少阳光对城区地面的直射，从而提供阴凉。

此外，城中将建设一种叫"风力塔"的装置，利用风能、空气流动和水循环形成一个天然空调。同时城中密布的河道和喷泉也能发挥降温增湿的作用。不但如此，城内街道设计得也非常窄，一些地方甚至只有10英尺（约3米）宽，围绕城区，还种植了大量的棕榈树和红树，目的也是为了减少阳光的直射、增加阴凉，使这里的居民和游客免于酷热。

太阳城内还有完善的公共交通系统，无论人们从哪里出发，到最近交通点的距离都不超过200米，小汽车在这里毫无用处。来访者必须把汽车停放在城墙外，进了城就必须步行、骑自行车或乘坐小型无人驾驶交通工具。为

打造世界首座零碳、零废物排放的太阳城，阿联酋政府首期投入将达到数十亿美元。但这不是一项传统的房地产开发项目，开发太阳能、风能等可再生能源，掌握相关前沿科技，催生新型能源产业，甚至夺取世界新能源开发的领军地位，才是阿联酋不惜重金投入太阳城项目的真正目的。同时，这也是阿联酋实施经济多元化战略的一个组成部分。

未来的太阳城将有望成为研究者、学生、科学家、商业投资人士和政府官员云集的地方。有分析人士估计，一旦阿布扎比太阳城取得成功，将最终成为世界各国建设生态城市的原型。届时，太阳城项目不但能够使阿联酋获得"满足未来需要的清洁能源"，还将使阿联酋最大程度地获得与新能源相关的最新技术，在可再生能源和可持续发展技术研究、开发和应用方面走在世界前列。

3. 屋顶种菜实现太阳能发电

伦敦南部郊区有个"贝丁顿零能源发展"生态村。在这个英国最大的生态村里，一切都是为减少二氧化碳排放而设计的。人们用屋顶菜地代替隔温层；墙壁用砖和绵羊毛混合而成，其厚度堪比中世纪房屋。每套南北朝向的房子都有视野开阔的双层玻璃落地窗，朝向小花园或者露台。屋顶上巨大的通风口五颜六色，能够为房间通风。村里的居民用大桶收集雨水浇灌植物，52%的建筑材料来自方圆50千米以内。

生态村没有安装取暖设备，利用朝南窗户和保暖设施等产生并保持热量，因而减少了90%的用电量。村中照明和家庭电器用电来自屋顶安装的太阳能板和社区里的发电厂。

交通是继取暖之后减少二氧化碳排放的第二大领域。生态村的很多居民在伦敦工作，通常他们步行5分钟去车站，然后坐45分钟火车到伦敦。村里还成立了汽车俱乐部，会员共同使用汽车，以提高汽车的利用率。

这个生态村每星期从附近的农场获得生物产品，避免了运输过程给产品带来的污染。村中还有一个公共菜园，为居民提供新鲜蔬菜。

英国每年人均排放二氧化碳12吨，而这个生态村的居民人均少排放约40%。

>>> 知识点

光生伏打效应

光生伏打效应是指物体由于吸收光子而产生电动势的现象，是当物体受光照时，物体内的电荷分布状态发生变化而产生电动势和电流的一种效应。这种效应是由法国物理学家 A. E. 贝克勒尔于 1839 年意外地发现的。

当两种不同材料所形成的结受到光辐照时，结上产生电动势。它的过程先是材料吸收光子的能量，产生数量相等的正、负电荷，随后这些电荷分别迁移到结的两侧，形成偶电层。光生伏打效应虽然不是瞬时产生的，但其响应时间是相当短的。

合理安全地利用核能

从 1954 年前苏联建成世界上第一座核电站以来，人类和平利用核能的历史刚过半个世纪；然而，核能的发展却异常迅速。特别是近 20 年来，它以极大的优势异军突起，成绩卓著，已成为世界能源舞台上一个引人注目的角色。国际原子能机构最近发表的一份报告说，全世界正在运行的核电站共有 450 座，总发电容量为 3.5 亿千瓦，占全世界发电量的 16%，累计运行时间已超过 1 万堆年（1 个堆年相当于核电站中的 1 个反应堆运行 1 年）。2003 年 12 月，我国首座商用重水堆核电站——秦山三期核电站一号机组顺利通过满功率连续 100 小时的考验，提前正式投入商业运行。这标志着我国核能利用已经进入了一个新阶段。

目前，核能发电可满足世界电力需要的 20% 左右。据专家们预计，到 2030 年全世界核电站的总发电量可达 4.16~5.19 亿千瓦，届时核能发电量将是世界总发电量的 30%~50%。到 21 世纪中叶，核能将会取代石油等矿物燃料而成为世界各国的主要能源。

核能的发展之所以如此迅速，主要是因为它有着显著的优越性：1. 它的能量非常巨大，而且非常集中；2. 运输方便，地区适应性强。有人曾将核电

站与火电站做了个形象的比较：一座 20 万千瓦的火电站，1 天要烧掉 3000 吨煤，这些燃料需要用 100 辆铁路货车来运输；而发电能力相同的核电站，1 天仅用 1 千克铀就行了。这么一点铀燃料只有 3 个火柴盒那么大，运输起来自然就省力多了，而且可以建在电力消耗大的地方，以减少输电损失和运输费用；3. 储量丰富，用之不尽。

核能资源广泛分布在世界的陆地和海洋中。储藏在陆地上的铀矿资源，约 990 万 ~2410 万吨，其中最多的是北美洲，其次是非洲和大洋洲。

海洋中的核能资源比陆地上要丰富得多。拿核聚变的重要燃料铀来说，虽然每 1000 吨海水中才有 3 克铀，然而海洋里铀的总储量却大得惊人，总共达 40 多亿吨，比陆地上已知的铀储量大数千倍。此外，海洋中还有更为丰富的核聚变所用的燃料——重水。如果将这些能源开发出来，那么即使全

核电厂

世界的能量消耗比现在增加 100 倍，也可保证供应人类使用 10 亿年左右。

从目前情况来看，世界各国的核能发电技术已相当成熟，大量投入使用的单机容量达百万千瓦级的发电机组，使核电站得到了迅速的发展。

十多年来，人们已经成功地研制出能充分利用铀燃料的核反应堆，这就是被称为"明天核电站锅炉"的快中子增殖核反应堆。这种核反应堆能使核燃料增殖，也就是说，核燃料在这种"锅炉"里越烧越多。如果能大量使用快中子增殖核反应堆，不仅能使铀资源的有效利用率增大数十倍，而且也将使铀资源本身扩大几百倍。因此，包括我国在内的世界各国，今后将着重发展这种先进的核反应堆以便充分地利用核燃料，提高核电站的经济性。1991年，欧洲联合核聚变实验室首次成功地实现了受控核聚变反应，使人类在核聚变研究方面取得了重大突破，为今后利用储量极为丰富的重水建造核聚变电站打下了初步的基础。

　　另外，近年来在激光核聚变、核电池、太空核电站、海底核电站等研究试验方面也都取得了一定的成果，促进了核能发电技术的进一步提高。

　　核能对于我国在 21 世纪的经济发展有着重要的意义。根据中央提出的社会主义现代化经济建设分三步走的战略目标，到 21 世纪中期，预计我国能源年需求总量为 40 亿～50 亿吨标准煤。要满足如此大的能源消耗量，除了大力开发包括三峡水电在内的水力资源外，大部分的电力要依靠煤电和核电。一座大型核电站的发电量几乎相当于葛洲坝水电站，因此，发展核电不仅可减少储量已不多的煤炭的消耗，而且可减少环境污染，缓和运煤带来的交通运输紧张状况。

核能与核反应堆

　　核能也叫做原子能或原子核能，它是由人眼看不见的小小的原子核内释放出来的巨大能量。1 克铀原子核裂变时所放出的能量，相当于燃烧 2.5 吨煤所得到的热能。这种核能，是核燃料通过核反应堆所产生的。

核反应堆

　　我们都知道，世界上的物质都是由原子构成的，原子由原子核和围绕核旋转的电子组成，原子本身已经很小，而原子核的直径仅仅是原子直径的十万分之一。可是，这么微小的原子核却集中了几乎整个原子的质量。原子核是由带正电的质子和不带电的中子构成的，质子和中子统称为核子。由于质子带一个单位的正电荷，中子不带电，而质子和中子的质量又几乎相等，都等于一个质量单位，所以原子核的电荷数等于它的质子数，原子核的质量数则等于质子数和中子数之和。具有相同质子数的原子，它们原子核外的电子数也相等，因而它们有

着相同的化学性质，属于同一种元素；但对于中子数不一样的原子，称为同位素。

从上面可以知道，原子核的半径是非常小的，在这样小的原子核内，却拥挤着许多带正电的质子，它们之间必然要产生很大的相互排斥的静电力。但是，通常的原子核却是很稳定的，原子核内的质子和中子能"和平共处"、"共聚一堂"。这是因为除了质子之间相互排斥的静电力外，核内各粒子之间还存在着强大的吸引力，这种吸引力，通常叫做核力。

在原子核内的核子之间存在着十分强大的核力情况下。如果在某种条件下原子核内的质子和中子发生了变化，那么它们之间的核力也会相应地发生改变，并把一部分能量释放出来。这种由核子结合成原子核释放出的能量或者由原子核分解为核子时吸收的能量，称为原子核的结合能或原子核能，也就是我们通常所说的核能。

1 克铀原子核裂变时所放出的能量，相当于燃烧 2.5 吨煤所得到的热能。两者释放的能量之所以相差如此之大，关键在于煤放出来的是化学能，而铀放出来的是原子核能。

煤在燃烧时，只是碳原子和氧原子的核外电子进行相互交流，生成二氧化碳分子，这种变化是一种化学变化，所放出的能，就是化学能。而铀放热是原子核内发生了变化。在核反应中，铀原子核分裂成 2 个较小的原子核，并释放出大量的核能，这也就是核能比化学能大得多的秘密所在。

目前，使原子核内蕴藏的巨大能量释放出来，主要有两种方法：1. 将较重的原子核打碎，使其分裂成两半，同时释放出大量的能量，这种核反应叫核裂变反应，所释放的能量叫做裂变核能。现在各国所建造的核电站，就是采用这种核裂变反应的，用于军事上的原子弹爆炸，也是核裂变反应产生的结果；2. 把两种较轻的原子核聚合成一个较重

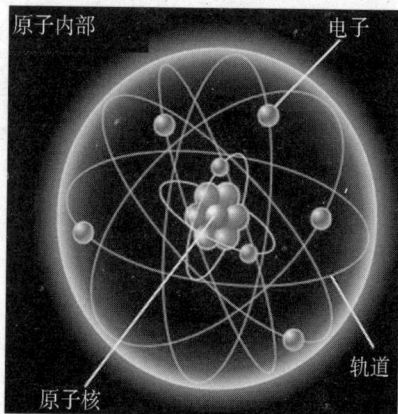

原子核

的原子核，同时释放出大量的能量，这种核反应叫核聚变反应，氢弹爆炸就属于这种核反应。不过它是在极短的一瞬间完成的，人们无法控制。近年来，受控核聚变反应的研究已经使核能控制显露出希望的曙光。

海底核电站

海底核电站是人们随着海洋石油开采不断向深海海底发展而提出的一项大胆设想。实际上，在 20 世纪 70 年代初期，独特新颖的海底核电站的蓝图已经绘制出来。此后，世界上不少国家都在积极地进行研究和实验，提出了各种设计方案。

在勘探和开采深海海底的石油和天然气时，需要陆地上的发电站向海洋采油平台远距离供电。为此，就要通过很长的海底电缆将电输送出去。这不仅技术上要求很高，而且要花费大量的资金。如果在采油平台的海底附近建造海底核电站，就可轻而易举地将富足的电力送往采油平台，而且还可以为其他远洋作业设施提供廉价的电源。

海底核电站在原理上和陆地上的核电站基本相同，都是利用核燃料在裂变过程中产生的热量将冷却的水加热，使它变成高压蒸汽，再去推动汽轮发电机组发电。

但是，海底核电站的工作条件要比陆地上的核电站苛刻得多。1. 海底核电站的所有零部件要能承受几百米深的海水所施加的巨大压力；2. 要求所有设备密封性好，达到滴水不漏的程度；3. 各种设备和零、部件都要具有较好的耐海水腐蚀的性能。因此，海底核电站所用的反应堆都是安装在耐压的堆舱里，汽轮发电机则密封在耐压舱内，而堆舱和耐压舱都固定在一个大的平台上。

为了安装方便，海底核电站可在海面上进行安装。安装完工后，将整个核电站和固定平台一起沉入海底，坐落在预先铺好的海底地基上。当核电站在海底连续运行数年以后，像潜水艇一样可将它浮出海面，以便由海轮拖到附近海滨基地进行检修和更换堆料。

人们预计，随着海洋资源特别是海底石油和天然气的开发，将进一步促进海底核电站的研究与进展。在不久的将来，这种建造在海底的特殊核电站

就会正式问世。

海上核电站

在海上建造核电站，有其独特的优点：1. 核电站的造价要比陆地上的造价低，这一点很吸引人，因为在同样的投资条件下可以建造更多的海上核电站；2. 在选择核电站站址时，不像陆地上那样要考虑地震、地质等条件，以及是否在居民稠密区等各种情况的影响，因而选择的余地大；3. 海上的工作条件几乎到处都一样，不存在陆地上那种"因地而异"的种种问题。这样，就可以使整个核电站像加工产品一样，按标准化要求以流水线作业方式进行制造，从而简化了生产过程，便于生产和使用，大大降低制造成本，缩短建造周期。

由于人们对海上核电站的安全性等问题的看法不同，所以海上核电站虽然有许多特长，但仍然没有得到迅速的发展和应用。

有人可能担心海上核电站的安全问题，认为核反应堆会将放射性的物质排入海水，影响水中生物和人类的生存与安全。其实，这种忧虑完全是多余的，因为海上核电站和陆地上的核电站一样，都有专门处理废水、废料的措施和方法，绝不会把带放射性物质的废水直接排放到海水中。从世界上第一座核电站的建立到现在，几十年的实践证明，核电站是相对安全的，没有出现过类似的污染现象。而且与人们担心的情况相反，由于海上核电站建有较高大的防波堤，能引来鱼、虾的洄游，对于海洋生物的养殖和捕捞非常有好处。

目前，人们已对这种优点突出的海上核电站产生了浓厚的兴趣，特别是像英国、日本、新西兰等岛国，陆地面积小，适宜建造核电站的地方少，但海岸线却很长，就可以充分利用这一优势，大力发展海上核电站。

在太空中建立核电站

人们已经在陆地上建造了几百座核电站，后来又计划在海上和海底建核电站，接着又将核反应堆搬上太空，建立起太空核电站。

早在 1965 年，美国就发射了一颗装有核反应堆的人造卫星。1978 年 1

月，前苏联军用卫星"宇宙254"号也装有核反应堆，因控制机构失灵而坠入大气层，变成许多小碎片，散落在加拿大的西北部地区。由于碎片会污染环境，影响人体健康和生物的生存，加拿大政府就此事向前苏联提出抗议，并要求赔偿损失。人们由这一事件开始知道，核反应堆已在超级大国的空间争夺战中开始发挥重要作用。

将核反应堆装在卫星上，主要是因为它重量轻、性能可靠，而且使用寿命长、成本较低。

在人造卫星上通常都装有各种电子设备，包括电子计算机、自动控制装置、通信联络机构、电视摄像机和发送系统等，需要大量使用可靠的电能。对于用来探测火星、木星等星体的星际飞行器，配备的电子设备就更多更复杂，而且来回航程要几年到十几年，在此期间，还要与地球保持不断的联系。因此，这种太空飞行器上所用的电源，要求容量更大，性能更加可靠。

起初，人们在卫星和太空飞行器上使用燃料电池，这种电池虽然工作稳定可靠，能提供所需要的电能，但它的成本高，使用寿命较短，不能满足长期使用的需要。后来，人们又采用太阳能电站作为卫星和太空飞行器的电源，然而，当卫星运行到地球背面或具有漫长黑夜的月球上（一个"月夜"相当于地球上的14个昼夜），或者向远离太阳的其他行星飞行过程中，太阳能电池就根本无法工作。此外，即使在有阳光的条件下使用太阳能电池，当需要提供大容量的电能时，仅电池的集光板就大到上千平方米，这在太空飞行中显然是难以做到的。人们最后终于找到了比较理想的卫星和太空飞行器用的电源——空间核反应堆。

在采用核反应堆作为太空飞行器电源之前，还广泛使用了核电池。直到现在，一些太空飞行器还广泛采用这种核电源。核电池的使用寿命一般可达5~10年以上，电容量可达几十至上百瓦。然而，它的电容量与太空核反应堆比起来就显得微不足道了。太空核反应堆的电容量可达几百瓦至几千瓦，甚至可高达百万瓦。这样，对于要求电源容量越来越大的一些太空飞行器来说，就理所当然地选用核反应堆作为电源了。太空核反应堆在工作原理上与陆地上的基本一样，只是前者由于在太空飞行中使用，要求反应堆体积小，轻便实用。

实际上，太空核反应堆不仅可用作太空飞行器和卫星的主要电源，而且还是未来用于考察和开采月球矿藏的理想电源。

➜ 知识点

国际原子能机构

国际原子能机构是一个同联合国建立关系，并由世界各国政府在原子能领域进行科学技术合作的机构。国际原子能机构的宗旨是谋求加速和扩大原子能对全世界和平、健康及繁荣的贡献，确保由其本身、或经其请求、或在其监督或管制下提供的援助不用于推进任何军事目的。

1954 年 12 月，第九届联合国大会通过决议，要求成立一个专门致力于和平利用原子能的国际机构。经过两年筹备，有 82 个国家参加的规约会议于 1956 年 10 月 26 日通过了国际原子能机构（简称"机构"）的《规约》。1957 年 7 月 29 日，《规约》正式生效。同年 10 月，机构举行首次全体会议，宣布机构正式成立。总部设在奥地利的维也纳，组织机构包括大会、理事会和秘书处。

清洁干净的海洋能

辽阔浩瀚的海洋，不仅使人心旷神怡，而且使人迷恋和陶醉。然而，大海最诱人的地方，还在于它蕴藏着极为丰富的自然资源和巨大的可再生能源。那波涛汹涌的海浪，一涨一落的潮汐，循环不息的海流，不同深度的水温，河海水交汇处的盐度差……都具有可以利用的巨大能量。另外，从占地球表面约 70% 的海水中，还可以取得丰富的热核燃料和氢。

海洋能主要来源于太阳能。它的分布地域广阔，能量比较稳定，而且变化有一定规律，可以准确预测。例如：海水温差和海流随季节而变化，而潮汐的变化则具有一定的周期性。

目前，世界各国有关海洋能源的研究和利用还处于初始阶段，因而海洋能属于有待开发利用的新能源。其中，对于潮汐能的开发技术比较成熟，已进入技术经济评价和工程规划阶段；波浪能的利用处于试验研究阶段；海洋热能的利用正在进行工程研究；海流和盐度差能的利用，仅处于研究阶段。

潮汐发电

那一望无际、水天相连的海面上，万顷波涛汹涌，巨浪此起彼伏。奔腾不息的海水，时而拍打海岸，激起雪白的浪花；时而又远离海岸，露出大片的海滩。海水这种按一定时间作有规律的涨落活动，就好像海洋在有节奏地进行"呼吸"，这就是人们常说的潮汐现象。

海洋的潮汐，是由于月亮、太阳对地球上海水的吸引力和地球的自转而引起海水周期性、有节奏的垂直涨落现象。通常，将海水白天涨落叫"潮"，晚上涨落叫"汐"，合称为"潮汐"。由于月亮离地球较近，它对海水的吸引力约为太阳的2.7倍，因此月亮对海水的吸引力是产生潮汐的主要"元凶"。潮汐天天发生，循环不已，永不停息。

海洋的潮汐中蕴藏着巨大的能量。在涨潮的过程中，汹涌而来的海水具有很大的动能，随着海水水位的升高，就把大量海水的动能转化为势能；在落潮过程中，海水又奔腾而去，水位逐渐降低，大量的势能又转化为动能。海水在涨落潮运动中所蕴含的大量动能和势能，称为潮汐能。

相邻高潮潮位与低潮潮位的高度差，称为潮位差或潮差。通常，海洋中的潮差比较小，一般仅有几十厘米，多的也只有一米左右。而喇叭状海岸或河口的地区，潮差就比较大。例如加拿大的芬地湾、法国的塞纳河口、我国的钱塘江口、英国的泰晤士河口、巴西的亚马孙河口、印度和孟加拉国的恒河口等，都是世界上潮差较大的地区。其中，芬地湾的最高潮差达18米，是世界上潮差最大的地方。

海水潮汐能的大小随潮差而变，潮差越大，潮汐能也越大。潮汐的能量是非常巨大的，据初步计算，全世界海洋储藏的潮汐能约有27亿千瓦，每年的发电量可达33480万亿度。所以，人们把潮汐能称为"蓝色的煤海"。

随着科学技术的发展，人们已不满足于利用潮汐的力量来推动水车和

水磨了，而是要用潮汐能来发电。目前，世界上法国、英国、美国、加拿大和阿根廷等许多国家都建造了潮汐发电站，其中以法国的朗斯潮汐电站最大，它的总装机容量为24万千瓦。

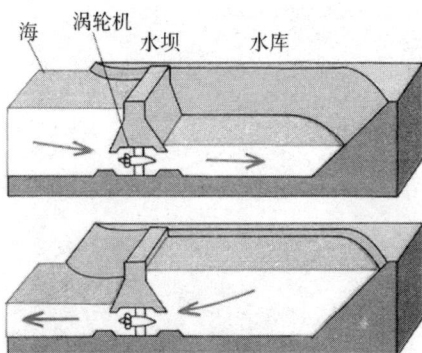

潮汐发电

潮汐发电的原理与一般的水力发电相似，是在海湾或有潮汐的河口上建筑一座拦水堤坝，将入海河口和海湾隔开，建造一个天然水库，并在堤坝中或堤旁安装水轮发电机组，利用潮汐涨落时海水水位的升降，使海水通过水轮机推动水轮发电机组发电。

总的来看，潮汐发电具有如下优点：

1. 潮汐发电的水库都是利用河口或海湾建成的，不占用耕地，也不像河川水电站或火电站那样要淹没或占用大面积土地；

2. 潮汐发电站不像河川水电站那样受洪水和枯水的影响，也不像火电站那样污染环境，是一种不受气候条件影响的、干净的发电站；

3. 潮汐电站的堤坝较低，容易建造，投资也较少。

海浪发电

如果说潮汐象征着海洋在不停地进行"呼吸"，那么海浪就是海洋不断跳动着的脉搏。大海从来不平静的，无风时它微波荡漾，有风时则巨浪翻滚。那奔腾咆哮的海浪猛烈地拍击着海边的岩石，发出雷鸣般的轰响声，激溅起高高的浪花。这是海浪在显示它那无穷的力量。

海浪的高度一般不超过20米，可是它冲击海岸时却能激起六七十米高的浪花。这浪花曾将斯里兰卡海岸上一个6米高处的灯塔击碎；拍打海岸的激浪曾把法国契波格海港3.5吨的重物抛过60米的高墙；在苏格兰，巨大的海浪把1350吨的庞然大物移动了10米；在荷兰的阿姆斯特丹，一个20吨重的海中混凝土块被海浪举起7米多高，又抛到距海面1.5米的防波堤上；1952

海 浪

年，一艘美国轮船在意大利西部海面上被浪头劈成两半，一半抛上了海岸，另一半冲到很远的海洋里。

由此可见，海浪蕴藏着巨大的能量。据测试，海浪对海岸的冲击力每平方米达 20～30 吨，最大甚至可达 60 吨。因此，人们早在几十年前就开始研究海浪能的利用，以便使它更好地为人类服务。

我国的黄海、东海的年平均波高 1.5 米，南海的平均波高 1 米，年平均波周期为 6 秒，据此可以估算出，我国沿海的海浪能约为每米 20～40 千瓦，

总能量达 1.7 亿千瓦。全世界所具有的海浪能高达 25 亿千瓦，与潮汐能相近。

1964 年，日本研制成了世界上第一个海浪发电装置——航标灯。虽然这台发电机发电的能力仅有 60 瓦，只够一盏灯使用，然而它却开创了人类利用海浪发电的新纪元。

利用海浪发电，既不消耗任何燃料和资源，又不产生任何污染，因而是一种干净的发电技术。这种不占用任何土地，只要有海浪就能发电的方法，特别适合于那些无法架设电线的海岛使用。

英国 20 世纪 90 年代初期在苏格兰建成了一座发电能力为 75 千瓦的海浪发电站。英国是继挪威、日本之后利用海浪发电的第三个国家。英国的爱丁堡大学正在研制 5 万千瓦的海浪发电装置，而且还将在海岸以外的海面上建造海浪能发电站。

海浪发点设施

挪威的科学家大胆提出用人力制造大的波浪来进行发电，这将使海浪发电的研究试验工作进入一个新阶段。

2008 年 8 月，我国首座岸式海洋波浪力发电工业示范电站（国家"九五"重点攻关项目）——"汕尾 100 千瓦"岸式波力电站，在中国科学院主持下通过验收，标志着我国海洋波浪力发电技术达到实用水平。

目前，世界上已有几百台海浪发电装置投入运行，但它们的发电功率都比较小，需要进一步改进完善。海浪能是人们从海洋中可以获得的重要能源，也是一种亟待开发利用的现代新型能源。目前，世界上仅有日本、英国、挪威和我国建成了海洋岸式波浪能电站。

海水盐差发电

海水里面由于溶解了不少矿物盐而有一种苦咸味，这给在海上生活的人用水带来一定困难，所以人们要将海水淡化，制取生活用水。然而，这种苦咸的海水也大有用处，可用来发电，是一种能量巨大的海洋资源。

在大江大河的入海口，即江河水与海水相交融的地方，江河水是淡水，海水是咸水，淡水和咸水就会自发地扩散、混合，直到两者含盐浓度相等为止。在混合过程中，还将放出相当多的能量。这就是说，海水和淡水混合时，含盐浓度高的海水以较大的渗透压力向淡水扩散，而淡水也在向海水扩散，不过渗透压力小。这种渗透压力差所产生的能量，称为海水盐浓度差能，或者叫做海水盐差能。

海水盐差能是由于太阳辐射热使海水蒸发后浓度增加而产生的。被蒸发出来的大量水蒸气在水循环过程中，又变成云和雨，重新回到海洋，同时放出能量。

由于海水盐差能的蕴藏量十分巨大，世界上许多国家如美国、日本、瑞典等，都在积极开展这方面的研究和开发利用工作。我国也很重视海水盐差能的开发利用，据估计，我国在河口地区的盐差能约有 1.6 亿千瓦。

海流能

顾名思义，海流就是海洋中的河流。浩瀚的海洋中除了有潮水的涨落和波浪的上下起伏之外,有一部分海水经常是朝着一定方向流动的。它犹如人体中流动着的血液,又好比是陆地上奔腾着的大河小溪,在海洋中常年默默奔流着。海流和陆地上的河流一样,也有一定的长度、宽度、深度和流速。一般情况下,海流长达几千千米,比长江、黄河还要长;而其宽度却比一般河流要大得多,可以是长江宽度的几十倍甚至上百倍;海流的速度通常为1~2海里/时,有些可达到4~5海里/时。海流的速度一般在海洋表面比较大,而随着深度的增加则很快减小。

风力的大小和海水密度不同是产生海流的主要原因。由定向风持续地吹拂海面所引起的海流称为风海流;而由于海水密度不同所产生的海流称为密度流。归根结底,这两种海流的能量都来源于太阳的辐射能。海流和河流一样,也蕴藏着巨大的动能,它在流动中有很大的冲击力和潜能,因而也可以用来发电。据估计,世界大洋中所有海流的总功率达50亿千瓦左右,是海洋能中蕴藏量最大的一种。

我国海域辽阔,既有风海流,又有密度流;有沿岸海流,也有深海海流。这些海流的流速多在0.5海里/时,流量变化不大,而且流向比较稳定。若以平均流量100立方米/秒计算,我国近海和沿岸海流的能量就可达到1亿千瓦以上,其中以台湾海峡和南海的海流能量最为丰富,它们将为发展我国沿海地区工业提供充足而廉价的电力。

利用海流发电比陆地上的河流优越得多,它既不受洪水的威胁,又不受枯水季节的影响,几乎以常年不变的水量和一定的流速流动,完全可成为人类可靠的能源。

海流发电是依靠海流的冲击力使水轮机旋转,然后再变换成高速,带动发电机发电。目前,海流发电站多是浮在海面上的。例如,一种叫"花环式"的海流发电站,是用一串螺旋桨组成的,它的两端固定在浮筒上,浮筒里装有发电机。整个电站迎着海流的方向漂浮在海面上,就像献给客人的花环一样。这种发电站之所以用一串螺旋桨组成,主要是因为海流的流速小,单位体积内所具有能量小。它的发电能力通常是比较小的,一般只能为灯塔和灯船提供电力,至多不过为潜水艇上的蓄电池充电而已。

美国曾设计过一种驳船式海流发电站,其发电能力比花环式发电站要大

得多。这种发电站实际上就是一艘船，因此叫发电船似乎更合适些。在船舷两侧装着巨大的水轮，它们在海流推动下不断地转动，进而带动发电机发电。所发出的电力通过海底电缆送到岸上。这种驳船式发电站的发电能力约为5万千瓦，而且由于发电站是建在船上，所以当有狂风巨浪袭击时，它可以驶到附近港口躲避，以保证发电设备的安全。

国外曾经研制了一种设计新颖的伞式海流发电站，这种电站也是建在船上的。它是将50个降落伞串在一根很长的绳子上来聚集海流能量的，绳子的两端相连，形成一个环形。然后，将绳子套在锚泊于海流的船尾的两个轮子上。置于海流中的降落伞由强大海流推动着，而处于逆流的伞就像大风把伞吸涨撑开一样，顺着海流方向运动。于是拴着降落伞的绳子又带动船上两个轮子，连接着轮子的发电机也就跟着转动而发出电来，它所发出的电力通过电缆输送到岸上。

海水温差能

辽阔的海洋，是一个巨大的"储热库"，它能大量地吸收辐射的太阳能，所得到的能量达60万亿千瓦左右；它又是一个巨大的"调温机"，调节着海洋表面和深层的水温。

海水的温度随着海洋深度的增加而降低。这是因为太阳辐射无法透射到400米以下的海水，海洋表层的海水与500米深处的海水温差可达20℃以上。通常，将深度每增加100米的海水温度之差，称为温度递减率。一般来说，在100~200米的深度范围内，海水温度递减率最大；深度超过200米后，温度递减率显著减小；深度在1000米以上时，温度递减率则变得很微小。

海洋中上下层水温度的差异，蕴藏着一定的能量，叫做海水温差能，或称海洋热能。利用海水温差能可以发电，这种发电方式叫海水温差发电。

现在新型的海水温差发电装置，是把海水引入太阳能加温池，把海水加热到45℃~60℃，有时可高达90℃，然后再把温水引进保持真空的汽锅蒸发进行发电。

用海水温差发电，还可以得到副产品——淡水，所以说它还具有海水淡化功能。一座10万千瓦的海水温差发电站，每天可产生378立方米的淡水，可以用来解决工业用水和饮用水的需要。另外，由于电站抽取的深层冷海水中含有丰富的营养盐类，因而发电站周围就会成为浮游生物和鱼类群集的场所，可以增加近海捕鱼量。

风能的开发史及发展前景

风能是因空气流做功而提供给人类的一种可利用的能量。空气流具有的动能称风能。空气流速越高，动能越大。人们可以用风车把风的动能转化为旋转的动作去推动发电机，以产生电力，方法是透过传动轴，将转子（由以空气动力推动的扇叶组成）的旋转动力传送至发电机。到2008年为止，全世界以风力产生的电力约有9410万千瓦，供应的电力已超过全世界用量的1%。风能虽然对大多数国家而言还不是主要的能源，但在1999~2005年之间已经增长了4倍以上。

风能利用历史

风是地球上的一种自然现象，它是由太阳辐射热引起的。太阳照射到地球表面，地球表面各处受热不同，产生温差，从而引起大气的对流运动形成风。据估计到达地球的太阳能中虽然只有大约2%转化为风能，但其总量仍是十分可观的。全球的风能约为2.74×10^9兆瓦，其中可利用的风能为2×10^7兆瓦，比地球上可开发利用的水能总量还要大10倍。

人类利用风能的历史可以追溯到公元前。中国是世界上最早利用风能的国家之一。公元前数世纪中国人民就利用风力提水、灌溉、磨面、舂米，用风帆推动船舶前进。到了宋代更是中国应用风车的全盛时代，当时流行的垂直轴风车，一直沿用至今。在国外，公元前2世纪，古波斯人就利用垂直轴风车碾米。10世纪伊斯兰人用风车提水，11世纪风车在中东已获得广泛的应用。13世纪风车传至欧洲，14世纪已成为欧洲不可缺少的原动机。在荷兰风车先用于莱茵河三角洲湖地和低湿地的汲水，以后又用于榨油和锯木。只是由于蒸汽机的出现，才使欧洲风车数目急剧下降。

数千年来，风能技术发展缓慢，也没有引起人们足够的重视。但自1973

荷兰的风车

年世界石油危机以来，在常规能源告急和全球生态平衡被严重破坏的双重压力下，风能作为新能源的一部分才重新有了长足的发展。风能作为一种无污染和可再生的新能源有着巨大的发展潜力，特别是对沿海岛屿，交通不便的边远山区，地广人稀的草原牧场，以及远离电网和近期内电网还难以达到的农村、边疆，作为解决生产和生活能源的一种可靠途径，有着十分重要的意义。即使在发达国家，风能作为一种高效清洁的新能源也日益受到重视。美国早在 1974 年就开始实行联邦风能计划。其内容主要是：评估国家的风能资源；研究风能开发中的社会和环境问题；改进风力机的性能，降低造价；主要研究为农业和其他用户用的小于 100 千瓦的风力机；为电力公司及工业用户设计的兆瓦级的风力发电机组。美国已于 20 世纪 80 年代成功地开发了 100、200、2000、2500、6200、7200 千瓦的 6 种风力机组。目前美国已成为世界上风力机装机容量最多的国家，超过 2×10^4 千瓦，每年还以 10% 的速度增长。现在世界上最大的新型风力发电机组已在夏威夷岛建成运行，其风力机叶片直径为 97.5 米，重 144 吨，风轮迎风角的调整和机组的运行都由计算机控制，年发电量达 1000 万千瓦时。根据美国能源部的统计，至 1990 年美国风力发电已占总发电量的 1%。瑞典、荷兰、英国、丹麦、德国、日本、西班牙，也根据各自国家的情况制定了相应的风力发电计划。如瑞典 1990 年风力机的装机容量已达 350 兆瓦，年发电 10 亿兆瓦。丹麦在 1978 年即建成了日德兰风力发电站，装机容量 2000 兆瓦，三片风叶的扫掠直径为 54 米，混凝土塔高 58 米，预计到 2015 年电力需求量的 15% 将来源于风能。德国 1980 年就在易北河口建成了一座风力电站，装机容量为 3000 千瓦。在英国，英伦三岛濒临海洋，风能十分丰富，政府对风能开发也十分重视，到 1990 年风力发电已占英国总发电量的 2%。在日本，1991 年 10 月轻津海峡青森县的日本最大的风力发电站投入运行，5 台风力发电机可为 700 户家庭提供电力。

中国位于亚洲大陆东南，濒临太平洋西岸，季风强盛。季风是中国气候的基本特征，如冬季季风在华北长达 6 个月，东北长达 7 个月。东南季风则遍及中国的东半壁。根据国家气象局估计，全国风力资源的总储量为每年 16 亿千瓦，近期可开发的约为 1.6 亿千瓦，内蒙古、青海、黑龙江、甘肃等省风能储量居中国前列，年平均风速大于 3 米/秒的天数在 200 天以上。中国风力机的发展，在 20 世纪 50 年代末是各种木结构的布篷式风车，1959 年仅江苏省就有木风车 20 多万台。到 60 年代中期主要是发展风力提水机。70 年代中期以后风能开发利用列入"六五"国家重点项目，得到迅速发展。进入 80 年代中期以后，中国先后从丹麦、比利时、瑞典、美国、德国引进一批中、大型风力发电机组。在新疆、内蒙古的风口及山东、浙江、福建、广东的岛屿建立了 8 座示范性风力发电场。1992 年装机容量已达 8 兆瓦。新疆达坂城的风力发电场装机容量已达 3300 千瓦，是全国目前最大的风力发电场。至 1990 年底全国风力提水的灌溉面积已达 2.58 万亩。1997 年新增风力发电 10 万千瓦。目前中国已研制出 100 多种不同形式、不同容量的风力发电机组，并初步形成了风力机产业。尽管如此，与发达国家相比，中国风能的开发利用还相当落后，不但发展速度缓慢，而且技术落后，远没有形成规模。在进入 21 世纪时，中国在风能的开发利用上加大投入力度，使高效清洁的风能能在中国能源的格局中占有应有的地位。

风能的经济性

利用风来产生电力所需的成本已经降低许多，即使不含其他外在的成本，在许多适当地点使用风力发电的成本已低于燃油的内燃机发电了。风力发电年增率在 2002 年时约 25%，现在则是以 38% 的比例快速成长。2003 年，美国的风力发电成长就超过了所有发电机的平均成长率。自 2004 年起，风力发电更成为在所有新式能源中最便宜的能源。在 2005 年，风力能源的成本已降到 20 世纪 90 年代时的 1/5，而且随着大瓦数发电机的使用，下降趋势还会持续。

风能发电

位于西班牙东北方 Aragon 的 LaMuela，总面积为 143.5 平方千米。1980 年起，新任市长看好充沛的东北风资源而极力推动风力发电，近 20 年来，已陆续建造 450 座风机（额定容量为 237 兆瓦），为地方带来丰富的利益。当地政府并借此规划完善的市镇福利，吸引了许多人移居至此，短短 5 年内，居民已由 4000 人增加到 12000 人。La Muela 已由不知名的荒野小镇变成众所皆知的观光休闲好去处。

另法国西北方的 Bouin 原本以临海所产之蚵及海盐著名，2004 年 7 月 1 日起，8 座风力发电机组正式运转，这 8 座风机与蚵、海盐三项，同时成为此镇的观光特色，吸引大批游客从各地涌进参观，带来丰沛的观光收入。

台湾的苗栗县后龙镇好望角因位处滨海山丘制高点，早年就是眺望台湾海峡的好去处，近几年外商在邻近区域设置了 21 座高 100 米的风力发电机，形成美不胜收的景致。该公司在 2003 年，看中苗栗沿海冬天强劲东北季风，着手在后龙、竹南等地设立风力发电机，其中后龙成立了大鹏风力发电场，建置 21 座风机，发电总装置容量达 4.2 万千瓦，是目前全台容量最大的风场，2006 年 6 月竣工启用后，俨然成为观光新景点，吸引不少人前往探访。好望角位于半天寮顶端，居高临下，向北可看到四五座风机，往南也可望见三四座风机，加上海线铁路从山下行经，面临宽阔的台湾海峡，风景相当引人入胜，也成为欣赏风力发电机最佳景点之一。

世界风能行业发展前景

德意志银行最新发布的研究报告预计，全球风电发展正在进入一个迅速扩张的阶段，风能产业将保持每年 20% 的增速，到 2015 年时，该行业总产值将增至目前水平的 5 倍。

从目前的技术成熟度和经济可行性来看，风能最具竞争力。从中期来看，全球风能产业的前景相当乐观，各国政府不断出台的可再生能源鼓励政策，将为该产业未来几年的迅速发展提供巨大动力。

根据预计，未来几年亚洲和美洲将成为最具增长潜力的地区。中国的风电装机容量将实现每年30%的高速增长，印度风能也将保持每年23%的增长速度。印度鼓励大型企业进行投资发展风电，并实施优惠政策激励风能制造基地，目前，印度已经成为世界第5大风电生产国。而在美国，随着新能源政策的出台，风能产业每年将实现25%的超常发展。在欧洲，德国的风电发展处于领先地位，其中风电设备制造业已经取代汽车制造业和造船业。在近期德国制定的风电发展长远规划中指出，到2025年风电要实现占电力总用量的25%，到2050年实现占总用量50%的目标。

而一直以来在风能领域处于领先地位的欧洲国家增长速度将放慢，预计在2015年前将保持每年15%的增长速度。其中最早发展风能的国家如德国、丹麦等陆上风电场建设基本趋于饱和，下一步主要发展方向是海上风电场和设备更新。英国、法国等国仍有较大潜力，增长速度将高于15%的平均水平。

目前，德国仍然是全球风电技术最为先进的国家。德国风电装机容量占全球的28%，而德国风电设备生产总额占到全球市场的37%。在国内市场逐渐饱和的情况下，出口已成为德国风电设备公司的主要增长点。

德国政府将通过价格补贴等手段支持该行业通过技术创新保持领头羊地位。德国将再次修订《可再

德国海上风力电厂

生能源法》，将海上风电场入网补贴价格从每千瓦时9.1欧分提高到14欧分。

在中国，2006年国家发改委、科技部、财政部等8部门联合出台了《"十一五"十大重点节能工程实施意见》。依据十项节能重点工程的标准以及政府支持环保节能产业的政策导向，未来工业设备节能更新改造、建筑节

能、节油及石油替代以及可再生能源这几大节能领域将获得快速发展。

风能资源则更具有可再生、永不枯竭、无污染等特点，综合社会效益高。而且，风电技术开发最成熟、成本最低廉。根据"十一五"国家风电发展规划，2010年全国风电装机容量达到500万千瓦，2020年全国风电装机容量达到3000万千瓦。而2006年年底，全国已建成和在建的约91个风电场，装机总容量仅260万千瓦。可见，风机市场前景诱人，发展空间广阔。

知识点

生态平衡

在自然界中，不论是森林、草原、湖泊……都是由动物、植物、微生物等生物成分和光、水、土壤、空气、温度等非生物成分所组成。每一个成分都并非是孤立存在的，而是相互联系、相互制约的生态系统。生态平衡是指在一定时间内生态系统中的生物和环境之间、生物各个种群之间，通过能量流动、物质循环和信息传递，使它们相互之间达到高度适应、协调统一的状态。

如果生态系统中的某一成分过于剧烈地发生改变，都可能出现一系列的连锁反应，使生态平衡遭到破坏。如果某种化学物质或某种化学元素过多地超过了自然状态下的正常含量，也会影响生态平衡。生态平衡是生物维持正常生长发育、生殖繁衍的根本条件，也是人类生存的基本条件！

地热能的开发与利用

我们居住的地球，很像一个大热水瓶，外凉内热，而且越往里面温度越高。因此，人们把来自地球内部的热能，叫地热能。地球通过火山爆发和温泉等途径，将它内部的热能源源不断地输送到地面。人们所热衷的温泉，就是人类很早开始利用的一种地热能。然而，目前对地热能大规模的开发利用还处于初始阶段，所以说地热还属于一种新能源。

在距地面25～50千米的地球深处，温度为200℃～1000℃；若深度达到距地面 6370 千米即地心深处时，温度可高达 4500℃。

据估算，如果按照当今世界动力消耗的速度，完全只消耗地下热能，那么即使使用 4100 万年后，地球的温度也只降低 1℃。由此可见，在地球内部蕴藏着多么丰富的热能。地球温度分布是很规律的，通常，在地壳最上部的十几千米范围内，地层的深度每增加 30 米，地层的温

地热能

度便升高约 1℃；在地下 15～25 千米之间，深度每增加 100 米，温度上升 1.5℃；25 千米以下的区域，深度每增加 100 米，温度只上升 0.8℃；以后再深入到一定深度，温度就保持不变了。

地球深层为什么储存着如此多的热能呢？它们是从哪里来的？对于这个问题，目前还处于探索阶段。不过，大多数学者认为，这是由于地球内部放射性物质自然发生蜕变的结果。在核反应的过程中，放出了大量的热能，再加上处于封闭、隔断的地层中，天长日久，经过逐渐的积聚，就形成了现在的地热能。值得指出的是，地热资源是一种可再生的能源，只要不超过地热资源的开发强度，它是能够补充而再生的。

通常，人们将地热资源分为 4 类：

（一）水热资源。这是储存在地下蓄水层的大量地热资源，包括地热蒸汽和地热水。地热蒸汽容易开发利用，但储量很少，仅占已探明的地热资源总量的 0.5%。而地热水的储量较大，约占已探明的地热资源的 10%，其温度范围从接近室温到高达 390℃。

（二）地压资源。这是处于地层深处沉积岩中的含有甲烷的高盐分热水。由于上部的岩石覆盖层把热能封闭起来，使热水的压力超过水的静压力，温度约为 150℃～260℃之间，其储量约是已探明的地热资源总量的 20%。

（三）干热岩。这是地层深处温度为 150℃～650℃左右的热岩层，它所储存的热能约为已探明的地热资源总量的 30%。

（四）熔岩。这是埋藏部位最深的一种完全熔化的热熔岩，其温度高达650℃~1200℃。熔岩储藏的热能比其他几种都多，约占已探明地热资源总量的40%。

到目前为止，对于地热资源的利用主要是水热资源的开发。近年来，一些国家开始进行干热岩的开发研究和试验，开凿人造热泉就是干热岩的具体应用之一。而地压资源和熔岩资源的利用尚处于探索阶段。

我国是世界上开发利用地热资源较早的国家，发展也很快。北京就是当今世界上6个开发利用地热较好的首都之一（其他5个是法国的巴黎、匈牙利的布达佩斯、保加利亚的索菲亚、冰岛的雷克亚未克和埃塞俄比亚的亚的斯亚贝巴）。

北京地热水温大都在25℃~70℃。由于地热水中含有氟、氢、镉、可溶性二氧化硅等特殊矿物成

冰岛的地热能电厂

分，经过加工可制成饮用的矿泉水。有些地区的地热水中还含有硫化氢等，因而很适于浴疗和理疗。

目前，北京的地热资源已得到广泛利用。例如，用于采暖的面积已达32万多平方米，可节省建造锅炉房投资300余万元，年节约煤1.8万吨，而且每年还可减少烧煤取暖带来的粉尘污染7.6吨。现有地热泉洗浴50多处，日洗浴60000多人次；利用地热水养的非洲鲫鱼，生长快，肉味鲜美。北京一些印染厂还利用地热水进行印染和退浆，每年可节约煤几千吨。

除北京外，我国许多地区也拥有地热资源，仅温度在100℃以下的天然出露的地热泉就有3500多处。在西藏、云南和台湾等地，还有很多温度超过150℃以上的高温地热田。台湾省屏东县的一处热泉，温度曾达到140℃；在西藏的羊八井建有我国最大的地热电站，这个电站的地热井口温度平均为140℃，发电装机容量为10000千瓦，今后在这里还将建设更大的地热电站。

从温泉分布来看，我国地热资源主要集中在东南沿海诸省和西藏、云南、

四川西部等地，这里形成了两个温泉数量多、温度高、埋藏浅的地热带，分别称为滨太平洋地热带和藏滇地热带。前一个地热带共有温泉600多处，约占全国热水泉总数的1/3，其中温泉水超过90℃的有几十处，有的还超过100℃；后一个地热带是我国大陆上水热活动最活跃的一个地区，有大量的喷泉和汽泉。这一地带共有温泉700多处，其中高于当地沸点的水热活动区有近百处，是一个高温水汽分布带。此外，在我国东部的一些盆地内，也蕴藏着较丰富的地下热水，这一地区的范围很广，北起松辽平原、华北平原，南到江汉平原、北部湾海域。例如，天津市区及郊区附近有总面积近700平方千米的地热带，其中深度超过500米、温度在30℃以上的热水井达380多口，最高水温为94℃，年总开采量近5000万吨，可利用的热量相当于30多万吨标准煤。

地热在世界各地的分布也是很广泛的。美国阿拉斯加的"万烟谷"是世界上闻名的地热集中地，在24平方千米的范围内，有数万个天然蒸汽和热水的喷孔，喷出的热水和蒸汽最低温度为97℃，高温蒸汽达645℃，每秒喷出2300万公升的热水和蒸汽，每年从地球内部带往地面的热能相当于600万吨标准煤。新西兰有近70个地热田和1000多个温泉。

万烟谷

温泉的类型很多，有温度可达200℃～300℃的高温热泉；有时断时续的间歇喷泉；还有沸腾翻腾的泥浆地。横跨欧亚大陆的地中海—喜马拉雅地热带，从地中海北岸的意大利、匈牙利经过土耳其、俄罗斯的高加索、伊朗、巴基斯坦和印度的北部、中国的西藏、缅甸、马来西亚，最后在印度尼西亚与环太平洋地热带相接。

有人做过计算，如果把全世界的火山爆发和地震释放的能量，以及热岩层所储存的能量除外，仅地下热水和地热蒸汽储存的热能总量，就为地球上全部煤储藏量的1.7亿倍。在地下3千米以内目前可供开采的地热，相当于

29000 亿吨煤燃烧时释放的全部热量。可以看出。地热能的开发与利用有着广阔的前景。

对于地热能的开发与利用，如果从 1904 年意大利建成世界第一座地热发电站算起，已有近 100 年的历史了。但是，只有近二三十年来地热能的开发利用才逐渐引起世界各国的普遍注意和重视。

据统计，目前世界上已有 120 多个国家和地区发现或打出地热泉与地热井 7500 多处，使地热能的利用得到不断地扩大。地热能的利用，当前主要是在采暖、发电、育种、温室栽培、洗浴等方面。美国一所大学有 3 口深 600 米的地热水井，水温为 89℃，可为总面积达 46000 多平方米的校舍供暖，每年节约暖气费 25 万美元。冰岛虽然处在寒冷地带，但有着丰富的地热资源，目前全国人口的 70% 以上已采用地热供暖。

利用地热能发电，具有许多独特的优点：建造电站的投资少，通常低于水电站；发电成本比水电、火电和核电站都低；发电设备的利用时数较长；地热能干净，不污染环境；发电用过的蒸汽和热水，还可以用于取暖或其他方面。

现在，美国、日本、俄罗斯、意大利、冰岛等许多国家都建成了不同规模的热电站，总计约有 150 座，装机总容量达 320 万千瓦。

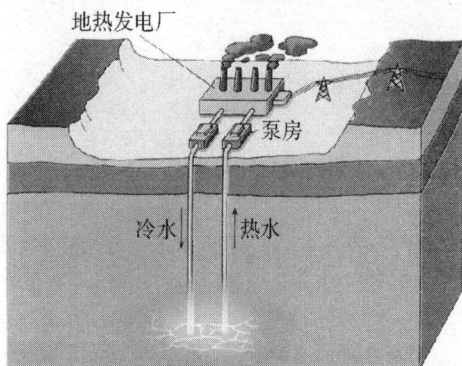

地热发电

地热发电的原理与一般火力发电相似，即利用地热能产生蒸汽，推动汽轮发电机组发出电来。目前，全世界约有 3/4 的地热电站是利用高温水蒸气为能源来发电的。这种电站是将地热蒸汽引出地面后，先进行净化，除掉所含的各种杂质，然后就可以推动汽轮发电机发电。以高温蒸汽为能源的地热电站，大多采用汽水分离的方法发电；对于以地下热水为能源的电站，一般通过一定的途径用地下热水为热源产生蒸汽，然后用蒸汽来推动汽轮发电机组发电。

另外，地热能在工业上可用于加热、干燥、制冷与冷藏、脱水加工、淡化海水和提取化学元素等；在医疗卫生方面，温泉水可以医治皮肤和关节等的疾病，许多国家都有供沐浴医疗用的温泉。

由于天然热泉较少，而且不是各地都有，因而在一些没有天然热泉的地区，人们就利用广泛分布的干热岩型地热能人工造出地下热泉来。人造热泉是在干热岩型的热岩层上开凿而成的，世界上最早的人造热泉是在美国新墨西哥州北部开凿的，井深达3000米，热岩层的温度为200℃。

美国已建造了人造热泉热电厂，发电量为5万千瓦。另外，还在洛斯阿拉莫斯国立实验所钻了2眼深4389米的地热井，先把水泵入井内，12小时后再抽上来，这时水温已高达375℃。法国先后开凿了6眼人造热泉，其中每眼井深6000米，每小时可获得温度达200℃热水100吨。

目前，美国的地热发电站的装机容量已达930万千瓦，到2020年将增加到3180万千瓦。

现在，随着科学技术的发展，人们开始在岩浆体导热源周围建立人工热能存积层，以便开发利用热源蒸汽的高温岩体来发电。人们预计，到21世纪末，全世界地热发电的总能力可达1亿千瓦。

知识点

放射性物质的蜕变

放射性物质的蜕变，又称放射性物质衰变，是放射性元素放射出粒子而转变为另一种元素的过程。放射性物质衰变过程中会释放大量的能源。

1896年，法国科学家 A. H. 贝克勒尔研究含铀矿物质的荧光现象时，偶然发现铀盐能放射出穿透力很强、可使照相底片感光的不可见射线，这就是衰变产生的射线。除了天然存在的放射性核素以外，还存在大量人工制造的其他放射性核素。放射性的类型除了放射 α、β、γ 粒子以外，还有放射正电子、质子、中子、中微子等粒子以及自发裂变、β 缓发粒子等等。

让垃圾处理变得环保起来

垃圾是人类日常生活和生产中产生的固体废弃物，由于排出量大，成分复杂多样，给处理和利用带来困难，如不能及时处理或处理不当，就会污染环境，影响环境卫生。

面对垃圾泛滥成灾的状况，世界各国的专家们已不仅限于控制和销毁垃圾这种被动"防守"，而是积极采取有力措施，进行科学合理的综合利用。我国有丰富的垃圾资源，其中存在极大的潜在效益。现在，全国城市每年因垃圾造成的损失约近 300 亿元（包括运输费、处理费等），而将其综合利用却能创造 2500 亿元的效益。目前，上海等城市已开始建造垃圾发电厂。

垃圾发电

垃圾发电是把各种垃圾收集后，进行分类处理。其中：1. 对燃烧值较高的进行高温焚烧（也彻底消灭了病源性生物和腐蚀性有机物），在高温焚烧（产生的烟雾经过处理）中产生的热能转化为高温蒸汽，推动涡轮机转动，使发电机产生电能。2. 对不能燃烧的有机物进行发酵、厌氧处理，最后干燥脱硫，产生一种气体叫甲烷（也叫沼气）。再经燃烧，把热能转化为蒸汽，推动涡轮机转动，带动发电机产生电能。

从 20 世纪 70 年代起，一些发达国家便着手运用焚烧垃圾产生的热量进行发电。欧美一些国家建起了垃圾发电站，美国某垃圾发电站的发电能力高达 100 兆瓦，每天处理垃圾 60 万吨。现在，德国的垃圾发电厂每年要花费巨资，从国外进口垃圾。据统计，目前全球已有各种类型的垃圾处理工厂近千家，预计 3 年内，各种垃圾综合利用工厂将增至 3000 家以上。科学家测算，垃圾中的二次能源如有机可燃物等，所含的热值高，焚烧两吨垃圾产生的热量大约相当于一吨煤。如果我国能将垃圾充分有效地用于发电，每年将节省煤炭5000万~6000万吨，其"资源效益"极为可观。

垃圾发电之所以发展较慢，主要是受一些技术或工艺问题的制约，比如发电时燃烧产生的剧毒废气长期得不到有效解决。日本去年推广一种超级垃圾发电技术，采用新型气熔炉，将炉温升到500℃，发电效率也由过去的一般10%提高为25%左右，有毒废气排放量降为0.5%以内，低于国际规定标准。当然，现在垃圾发电的成本仍然比传统的火力发电高。专家认为，随着垃圾回收、处理、运输、综合利用等各环节技术不断发展，工艺日益科学先进，垃圾发电方式很有可能会成为最经济的发电技术之一。从长远效益和综合指标看，将优于传统的电力生产。

中国每年产生近1.5亿吨城市垃圾。目前中国城市生活垃圾累积堆存量已达70亿吨。根据国家环保总局预测，我国2015~2020年的城市垃圾每年将达到2.1亿吨。

我国城市垃圾焚烧发电最早投入运行始于1987年。之后，随着一大批环保产业化和环保高技术产业化项目的相继启动，垃圾焚烧发电技术得到了快速发展，实现了大型垃圾焚烧发电技术的本土化，垃圾焚烧处理能力在近5年间增长了5倍。

垃圾处理的原则是无害化、减量化、资源化。垃圾焚烧发电因大大减少填埋而能够节约大量的土地资源，同时也减少了填埋对地下水和填埋场周边环境的大气污染。

根据我国现行政策，城市生活垃圾焚烧发电技术将以机械炉排炉为主导，辅以煤—垃圾混烧流化床垃圾焚烧技术和其他技术。按照日处理1800吨二段往复式垃圾焚烧设备计算，年发电量可达1.6亿千瓦时，可节约标准煤4.8万吨，年减少氮氧化合物排放量480吨、二氧化硫排放量768吨。

据了解，我国年产城市生活垃圾中填埋占70%，焚烧和堆肥等占10%，剩余20%难以回收。其中垃圾发电率还不到10%，相当于每年白白浪费2800兆瓦的电力，被丢弃的"可再生垃圾"价值高达250亿元。

根据《全国城镇环境卫生"十一五"规划》，2010年全国城市生活垃圾

清运量达到 1.8 亿吨，无害化垃圾处理达到 60% 以上。

随着垃圾回收、处理、运输、综合利用等各环节技术不断发展，垃圾发电方式很有可能成为最经济的发电技术之一，从长远效益和综合指标看，将优于传统的电力生产。

知识点

垃圾分类

垃圾分类是将垃圾按可回收再使用和不可回收再使用的分类法。从国内外各城市对生活垃圾分类的方法来看，大致都是根据垃圾的成分构成、产生量，结合本地垃圾的资源利用和处理方式来进行分类。如德国一般分为纸、玻璃、金属、塑料等；澳大利亚一般分为可堆肥垃圾，可回收垃圾，不可回收垃圾；日本一般分为可燃垃圾，不可燃垃圾等等。

中国生活垃圾一般可分为四大类：可回收垃圾、厨余垃圾、有害垃圾和其他垃圾。目前常用的垃圾处理方法主要有：综合利用、卫生填埋、焚烧发电、堆肥、资源返还。

节能又环保的秸秆发电

焚烧秸秆

秸秆是成熟农作物茎叶（穗）部分的总称。通常指小麦、水稻、玉米、薯类、油料、棉花、甘蔗和其他农作物在收获籽实后的剩余部分。秸秆中粗纤维含量高（30% ~ 40%），并含有木质素等，可以被反刍动物牛、羊等牲畜吸收和利用。农作物光合作用的产物有一半以上存在于秸秆中，秸秆富含氮、磷、钾、钙、镁和有机质等，是一种具有多用途的可再生的生物资源，具有广阔的发展前景。

秸秆发电

在经济社会高速发展的今天，能源和生态问题越来越引起人们的重视。没有能源，经济发展就失去了动力；生态破坏，人们的生存空间就受到了限制。于是，选择新型再生能源，减少环境污染，就成了人们刻意追求的一个主要目标，而利用新型秸秆能源就是其中的一项重要内容。

秸秆发电，就是以农作物秸秆为主要燃料的一种发电方式，又分为秸秆气化发电和秸秆燃烧发电。秸秆气化发电是将秸秆在缺氧状态下燃烧，发生化学反应，生成高品位、易输送、利用效率高的气体，利用这些产生的气体再进行发电。但秸秆气化发电工艺过程复杂，难以适应大规模应用，主要用于较小规模的发电项目。秸秆直接燃烧发电是 21 世纪初期实现规模化应用唯一现实的途径。

秸秆原料

秸秆已经被认为是新能源中最具开发利用规模的一种绿色可再生能源，推广秸秆发电，将具有重要意义：

1. 农作物秸秆量大，覆盖面广，燃料来源充足。

2. 秸秆含硫量很低。国际能源机构的有关研究表明，秸秆的平均含硫量只有 0.38%，而煤的平均含硫量约达 1%。且低温燃烧产生的氮氧化物较少，所以除尘后的烟气不进行脱硫，烟气可直接通过烟囱排入大气。丹麦等国家的运行试验表明，秸秆锅炉经除尘后的烟气不加其他净化措施完全能够满足环保要求。所以秸秆发电不仅具有较好的经济效益，还有良好的生态效益和社会效益。

3. 各类作物秸秆发热量略有区别，但经测定，秸秆热值约为 15000 千焦

耳/千克，相当于标准煤的50%。其中麦秸秆、玉米秸秆的发热量在农作物秸秆中为最小，低位发热量也有14.4兆焦耳/千克，相当0.492千克标准煤。使用秸秆发电，可降低煤炭消耗。

4. 秸秆通常含有3%～5%的灰分，其以锅炉飞灰和灰渣或炉底灰的形式被收集，含有丰富的营养成分如钾、镁、磷和钙，可用作高效农业肥料。

5. 作为燃料，煤炭开采具有一定的危险性，特别是矿井开采，管理难度大。农作物秸秆与其相比，则危险性小，易管理，且属于废弃物利用。

世界秸秆发电的发展

20世纪70年代第一次石油危机爆发后，一直依赖能源进口的丹麦，着手推行能源多样化政策，制定适合本国国情的能源发展战略，积极开发生物能、风能、太阳能等清洁可再生能源。

根据丹麦最新能源计划，到2030年，即使那时石油和天然气资源枯竭，丹麦也能够保持其在能源方面的自足。其能源构成的目标是：风能50%，太阳能15%，生物能和其他可再生能源35%。其中生物能主要指的是秸秆发电。

国际能源机构的有关研究表明，农作物秸秆为低碳燃料，且硫含量、灰含量均比目前大量使用的煤炭低，是一种很好的清洁可再生能源。每两吨秸秆的热值相当于一吨煤，而且其平均含硫量只有3.8‰，远远低于煤1%的平均含硫量。

丹麦是较早利用秸秆发电的国家。丹麦的农作物主要有大麦、小麦和黑麦，这些秸秆过去除小部分还地或当饲料外，大部分在田野烧掉了。这既污染环境、影响交通，又造成生物能源的严重浪费。为建立清洁发展机制，减少温室气体排放，丹麦政府很早就加大了生物能和其他可再生能源的研发和利用力度。丹麦BWE公司率先研发秸秆生物燃烧发电技术，迄今在这一领域仍保持世界最高水平。在该公司的技术支持下，丹麦1988年建成了世界上第一座秸秆生物燃烧发电厂。

同时，为了鼓励秸秆发电以及风能和太阳能等可再生能源的发展，丹麦政府制定了财税扶持政策。对于秸秆发电、风力发电等新型能源，丹麦政府免征能源税、二氧化碳税等环境税，并且优先调用秸秆产生的电和热，由政府保证它们的最低上网价格。政府还对各发电运营商提出明确要求，各发电公司必须有一定比例的可再生能源容量。1993 年，政府与发电公司签订协议，要求每年燃用秸秆及碎木屑 140 万吨。另外，丹麦从 1993 年开始对工业排放的二氧化碳进行征税并将税款用来补贴节能技术和可再生能源的研究。

目前，丹麦已建立了 130 多家秸秆生物发电厂，还有一部分烧木屑或垃圾的发电厂也兼烧秸秆。秸秆发电等可再生能源占到全国能源消费量的 24%以上，丹麦靠新兴替代能源由石油进口国一跃成为石油出口国。丹麦的秸秆发电技术现已走向世界，并被联合国列为重点推广项目。瑞典、芬兰、西班牙等国由 BWE 公司提供技术设备建成了秸秆发电厂，许多国家还制定了相应的计划，如日本的"阳光计划"、美国的"能源农场"、印度的"绿色能源工厂"等，它们都将生物质能秸秆发电技术作为 21 世纪发展可再生能源战略的重点工程。其中位于英国坎贝斯的生物质能发电厂是世界上最大的秸秆发电厂，装机容量 3.8 万千瓦，总投资约 5 亿丹麦克朗。

中国秸秆发电的发展

中国是一个农业大国，生物质资源十分丰富，各种农作物每年产生秸秆 6亿多吨，其中可以作为能源使用的约 4 亿吨，全国林木总生物量约 190 亿吨，可获得量为 9 亿吨，可作为能源利用的总量约为 3 亿吨。如加以有效利用，可为农民增收近 1000 亿元，开发潜力将十分巨大。随着《可再生能源法》和《可再生能源发电价格和费用分摊管理试行办法》等的出台，中国秸秆发电呈快速增长趋势。

为推动生物质发电技术的发展，2003 年以来，国家先后核准批复了河北晋州、山东单县和江苏如东三个秸秆发电示范项目，拉开了中国秸秆发电建设的序幕。颁布了《可再生能源法》，并实施了生物质发电优惠上网电价等有关配套政策，从而使生物质发电，特别是秸秆发电迅速发展。据不完全统计，到 2006 年年底，全国在建农作物秸秆发电项目 34 个，分布在山东、吉林、江苏、河南、黑龙江、辽宁和新疆等省（区），总装机容量约 120 万千瓦；山东单县、江苏宿迁和河北威县三座发电站已投产发电，总装机容量 8 万千瓦。

2008 年前后几年间，国家电网公司、五大发电集团等大型国有、民营以及外资企业纷纷投资参与中国生物质发电产业的建设运营。截至 2007 年底，国家和各省发改委已核准项目 87 个，总装机规模 220 万千瓦。全国已建成投产的生物质直燃发电项目超过 15 个，在建项目 30 多个。可以看出，中国生物质发电产业的发展正在渐入佳境。

根据国家"十一五"规划纲要提出的发展目标，未来将建设生物质发电 550 万千瓦装机容量，已公布的《可再生能源中长期发展规划》也确定了到 2020 年生物质发电装机 3000 万千瓦的发展目标。此外，国家已经决定，将安排资金支持可再生能源的技术研发、设备制造及检测认证等产业服务体系建设。总的说来，生物质能发电行业有着广阔的发展前景。

"点亮"新农村的沼气

沼气是有机物质在厌氧条件下，经过微生物的发酵作用而生成的一种可燃气体。由于这种气体最先是在沼泽中发现的，所以称为沼气。人畜粪便、秸秆、污水等各种有机物在密闭的沼气池内，在厌氧（没有氧气）条件下发酵，即被种类繁多的沼气发酵微生物分解转化，从而产生沼气。沼气是一种混合气体，可以燃烧。

沼气除直接燃烧用于炊事、烘干农副产品、供暖、照明和气焊等外，还可作内燃机的燃料以及生产甲醇、甲醛、四氯化碳等化工原料。经沼气装置发酵后排出的料液和沉渣，含有较丰富的营养物质，可用作肥料和饲料。

沼气的发现与应用

沼气是由意大利物理学家 A. 沃尔塔于 1776 年在沼泽地发现的。1916 年，俄国人 B. П. 奥梅良斯基分离出了第一株甲烷菌（但不是纯种）。目前，世界上已分离出的甲烷菌种近 20 株，中国于 1980 年首次成功分离甲烷八叠球菌。世界上第一个沼气发生器（又称自动净化器）是由法国 L. 穆拉于 1860 年将简易沉淀池改进而成的。1925 年在德国、1926 年在美国分别建造了备有加热设施及集气装置的消化池，这是现代大中型沼气发生装置的原型。第二次世界大战后，沼气发酵技术曾在西欧一些国家得到发展，但由于廉价的石油大量涌入市场而受到影响。后随着世界性能源危机的出现，沼气又重新引起人们重视。1955 年新的沼气发酵工艺流程——高速率厌氧消化工艺产生。它突破了传统的工艺流程，使单位池容积产气量（即产气率）在中温下由每天 1 立方米容积产生 0.7 ~ 1.5 立方米沼气，提高到 4 ~ 8 立方米沼气，滞留时间由 15 天或更长的时间缩短到几天甚至几个小时。中国于 20 世纪 20 年代初期由罗国瑞在广东省潮梅地区建成第一个沼气池，随之成立了中华国瑞瓦斯总行，以推广沼气技术。目前中国农村户用沼气池的数量达 1500 万个。

沼气的主要成分

城市有机垃圾、污水处理厂的污泥、农村的人畜粪便、作物秸秆等，皆可做产生沼气的原料。细菌分解有机物的过程，大体分为两个阶段：1. 将复杂的高分子有机物质转化为低分子的有机物，例如乙酸、丙酸、丁酸等；2. 将第一阶段的产物转化为甲烷和二氧化碳。

在上述过程中，起发酵分解作用的是多种细菌共同作用的结果。为了使沼气发酵持续进行，必须提供和保持沼气发酵中各种微生物所需的生活条件。产生甲烷的细菌是厌氧的，少量的氧也会严重影响其生长繁殖，这就需要一个能隔绝氧的密闭消化池。温度在厌氧消化过程中是一个重要因素，甲烷菌能在 0℃ ~ 80℃ 的温度范围内生存，有分别适应

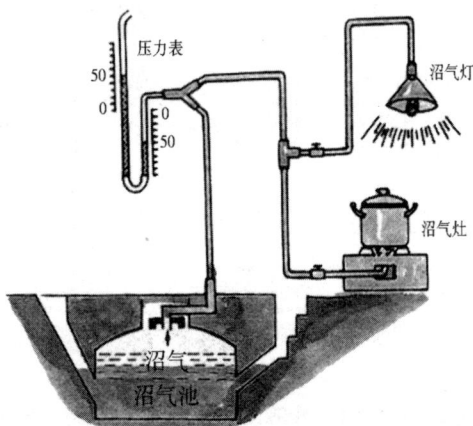

沼气原理图

低温（20℃）、中温（30℃）、高温（50℃）的各类细菌，最适宜的繁殖温度分别为 15℃、35℃、53℃左右。甲烷菌生长繁殖最适宜的 pH 值约为 7.0 ~

7.5，超出此范围，厌氧消化的效率就会降低。在厌氧消化过程中担负废弃物发酵作用的细菌，还需要氮、磷和其他营养物质。投入沼气池的原料比例，大体上要按照碳氮比等于 20:1～25:1。此外，还应控制影响沼气发酵的有害物质浓度。

沼气发酵中食物链和能量分配图
（图中%为该反应的能量分配百分数）

沼气反应图

沼气的发展前景

沼气的主要成分是甲烷，约占所产生的各种气体的 60%～80%。甲烷是一种理想的气体燃料，它无色无味，与适量空气混合后即可燃烧。每立方米纯甲烷的发热量为 34000 焦耳，每立方米沼气的发热量约为 20800～23600 焦耳。即 1 立方米沼气完全燃烧后，能产生相当于 0.7 千克无烟煤提供的热量。目前，世界各国已经开始将沼气用作燃料和用于照明。用沼气代替汽油、柴油，发动机器的效果也很好。将它作为农村的能源，具有许多优点。例如，修建一个平均每人 1～1.5 平方米的发酵池，就可以基本解决一年四季的燃柴和照明问题；

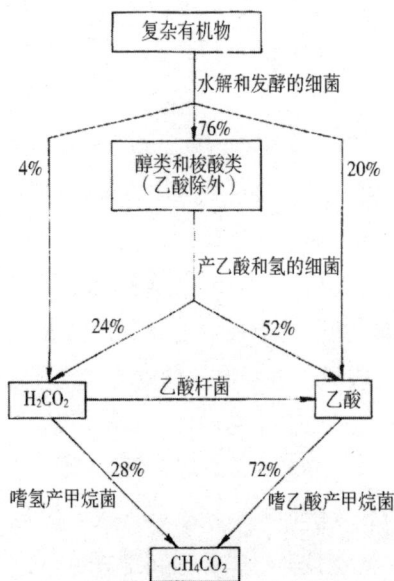

人、畜的粪便以及各种作物秸秆、杂草等，通过发酵后，既产生了沼气，还可作为肥料，而且由于腐熟程度高使肥效更高，粪便等沼气原料经过发酵后，绝大部分寄生虫卵被杀死，可以改善农村卫生条件，减少疾病的传染。现在，沼气的应用正在各国广大农村推广，沼气能源的开发利用的普及等方面，已经取得了较好的成绩。

世界上一些发达国家，也正在进行利用微生物厌氧消化农场废物、生产甲烷的较大规模试验。英国建立了甲烷的自动化工厂。

据估计，在英国，利用人和动物的各种有机废物，通过微生物厌氧消化所产生的甲烷，可以替代整个英国 25% 的煤气消耗量。苏格兰已设计出一种小型甲烷发动机，可供村庄、农场或家庭使用。美国一牧场兴建了一座工厂，主体是一个宽30米、长213米的密封池组成的中烷发酵结构，它的任务是把牧场厩肥和其他有机废物，由微生物转变成甲烷、二氧化碳和干燥肥料。这座工厂每天可处理1650吨厩肥，每日可为牧场提供11.3万立方米的甲烷，足够1万户家庭使用。目前美国已拥有24处利用微生物发酵的能量转化工程。从世界范围看，利用各种微生物协同作用生产甲烷的研究和应用，正处于方兴未艾的阶段。

近年来，中国沼气事业已获得了迅速的发展，沼气池总数已达到1500多万个。在四川、浙江、江苏、广东、上海等省、市农村，有些地方除用沼气煮饭、点灯外，还办起了小型沼气发电站，利用沼气能源作动力进行脱粒、加工食料、饲料和制茶等，闯出了用"土"办法解决农村电力问题的新路子。专家们认为，21世纪，沼气在农村之所以能够成为主要能源之一，是因为它具有不可比拟的特点，特别是在中国的广大农村，这些特点就更为显著了。1. 沼气能源在中国农村分布广泛，潜力很大，凡是有生物的地方都有可能获得制取沼气的原料，所以沼气是一种取之不尽，用之不竭的再生能源；2. 可以就地取材，节省开支。沼气电站建在农村，发酵原料一般不必外求。兴办一个小型沼气动力站和发电站，设备和技术都比较简单，管理和维修也很方便，大多数农村都能办到。

据调查对比，小型沼气电站每千瓦投资只要400元左右，仅为小型水力电站的1/2~1/3，比风力、潮汐和太阳能发电低得多。小型沼气电站的建设周期短，只要几个月时间就能投产使用，基本上不受自然条件变化的影响。采用沼气与柴油混合燃烧，还可以节省17%的柴油。中国地广人多，生物能资源丰富。研究表明，21世纪，无论在农村还是城镇，都可以根据本地的实际情况，就地利用粪便、秸秆、杂草、废渣、废料等生产的沼气来发电。

农村应用沼气的意义

农村户用沼气池生产的沼气主要用来做生活燃料。修建一个容积为10立方米的沼气池，每天投入相当于4头猪的粪便发酵原料，它所产的沼气就能解决一家3~4口人点灯、做饭的燃料问题。沼气还可以用于农业生产中，如

温室保温、烘烤农产品、储备粮食、水果保鲜等。沼气也可发电做农机动力，大中型沼气工程生产的沼气可用来发电、烧锅炉、加工食品、采暖或供给城市居民使用。

沼气灯

①沼气不仅能解决农村能源问题，而且能增加有机肥料资源，提高质量和增加肥效，从而提高农作物产量，改良土壤；

②使用沼气，能大量节省秸秆、干草等有机物，以便用来生产牲畜饲料和作为造纸原料及手工业原材料；

③兴办沼气可以减少乱砍树木和乱铲草皮的现象，保护植被，使农业生产系统逐步向良性循环发展；

④兴办沼气，有利于净化环境和减少疾病的发生。这是因为在沼气池发酵处理过程中，人畜粪便中的病菌大量死亡，使环境卫生条件得到改善；

⑤用沼气煮饭照明，既节约家庭经济开支，又节约家庭主妇的劳作时间，降低劳动强度；

⑥使用沼肥，可以提高农产品质量，增加经济收入，降低农业污染，为无公害农产品生产奠定基础。常用的物质循环利用型生态系统主要有种植业—养殖业—沼气工程三结合、养殖业—渔业—种植业三结合及养殖业—渔业—林业三结合的生态工程等类型。其中种植业—养殖业—沼气工程三结合的物质循环利用型生态工程应用最为普遍，效果最好。

打造低碳环保的绿色交通网络

DAZAO DITAN HUANBAO DE LUSE JIAOTONG WANGLUO

据统计，世界上每年生产的石油有80%～90%都被用于交通运输的汽车、飞机、轮船等消耗掉了。而且随着汽车保有量的不断增长，交通运输消耗掉的能源在数量和比重上还呈迅速上升的趋势。

各种消耗一次能源的交通工具每天都向空气中排放着大量污染气体，对自然环境和生态都造成了严重的破坏。这个问题现在已经引起世界各国人民和政府的重视。人们正在大力开发新型交通工具，以减少对一次能源的依赖以及对环境的破坏。

与此同时，世界各国都在大力提倡绿色出行的方式，尽量乘坐公共交通工具，少开车，多骑自行车等。这种节约交通能耗的绿色交通方式，不管是对降低交通运营成本，提高经济效益，还是保护城镇居民生活环境，都具有十分重要的现实意义。

节能环保的铁路运输

电气化铁路

电气化铁路的牵引动力是电力机车，机车本身不带能源，所需能源由电力牵引供电系统提供。牵引供电系统主要是指牵引变电所和接触网两大部分。变电所设在铁道附近，它将从发电厂经高压输电线送来的电流，送到铁路上空的接触网上。接触网是向电力机车直接输送电能的设备。沿着铁路线的两旁，架设着一排支柱，上面悬挂着金属线，即为接触网，它也可以被看做是电气化铁路的动脉。电力机车利用车顶的受电弓从接触网获得电能，牵引列车运行。牵引供电制式按接触网的电流制有直流制和交流制两种。直流制是将高压、三相电力在牵引变电所降压和整流后，向接触网供直流电，这是发展最早的一种电流制，到 20 世纪 50 年代以后已较少使用。交流制是将高压、三相电力在变电所降压和变成单相后，向接触网供交流电。交流制供电电压较高，发展很快。我国电气化铁路的牵引供电制式从一开始就采用单相工频（50 赫）25 千伏交流制，这一选择有利于今后电气化铁路的发展。

电气化铁路

和传统的蒸汽机车或柴油机车牵引列车运行的铁路不同，电气化铁路是指从外部电源和牵引供电系统获得电能，通过电力机车牵引列车运行的铁路。它包括电力机车、机务设施、牵引供电系统、各种电力装置以及相应的铁路通信、信号等设备。电气化铁路其热效率可达 20% ~ 26%；运输能力大，功率大，可使牵引总重提高；运输成本低，维修少，机车车辆周转快，整备作业少、耗能少；污染少，粉尘与噪声小等优点，对运量大的干线铁路和具有陡坡、长大隧道的山区干线铁路实现电气化，不仅优势明显，而且在铁路交通上的节能与环保作用非常大。

高速铁路

高速铁路是指营运速率达 200 千米/小时的铁路系统（也有 250 千米/小时的说法）。1964 年，日本的新干线系统开通，是史上第一个实现营运速率高于 200 千米/小时的高速铁路系统。高速铁路除了要求列车在营运速度达到一定标准外，车辆、路轨、操作都需要配合提升。广义的高速铁路包含使用磁悬浮技术的高速轨道运输系统。

高速铁路

高速铁路有哪些优势呢？

1964 年，日本建成东海道高速铁路新干线，一举解决了包括东京等大城市在内的经济最发达地区的陆上运输问题，经济和社会效益举世瞩目。之后，法、德、日等国又在高速技术上取得了新的突破，迄今世界上最高时速在 200 千米以上的高速铁路总长度已超过 1 万千米，欧洲、亚洲、美洲等一些国家和地区继续在主要运输通道上建设高速铁路网。高速铁路何以受到人们如此青睐？因为它比之汽车和民航等运输方式，输送能力大，安全可靠，在一定的旅行距离内可节省时间，旅行舒适度高，较少受气候变化的影响；又具有节省石油和土地资源，保护生态环境，摆脱交通堵塞等优势，是解决大通道上大量旅客快速输送问题的最有效途径，已成为世界各国铁路的普遍发展趋势。高速铁路是高新技术在铁路上的集中反映，它使交通运输结构发生了新的重大变化，是当代经济、社会、科技、交通发展的必然产物，是世界"交通革命"的一个重要标志。高速铁路具有的一系列技术、经济优势得到了世界各国的高度评价，主要表现在以下几方面。

1. 输送能力大

输送能力大是高速铁路的主要技术优势之一。目前各国高速铁路几乎都能满足最小行车间隔4分钟及其以下的要求。日本东海道新干线高峰期发车间隔为3分半，平均每小时发车达11列，在东京与新大阪间的两个半小时的运行路程中，开行"希望"号1列、只停大站的"光"号7列以及各站都停的"回声"号3列，每天通过的列车达283列，每列车可载客1200~1300人，年均输送旅客达1.2亿人次。待品川站建成后，东京站每小时可发车15列。东海道新干线目前每天旅客发送人数是开通之初的6倍多，最高达到37万人/日（在1991年）。其他国家由于铁路客运量比日本要少，高速铁路日行车量一般在100对以内。

我国的高速铁路

2. 速度快

速度是高速铁路技术水平的最主要标志，各国都在不断提高列车的运行速度。法国、日本、德国、西班牙和意大利高速列车的最高运行时速分别达到了300千米、300千米、280千米、270千米和250千米。如果作进一步改善，运行时速可以达到350~400千米。除最高运行速度外，旅客更关心的是旅行时间，而旅行时间是由旅行速度决定的。因为速度高，可以大大缩短全程旅行时间。以北京至上海为例，在正常天气情况下，乘飞机的旅行全程时间（含市区至机场、候检等全部时间）为5小时左右；如果乘高速铁路的直达列车，全程旅行时间则为5~6小时，与飞机相当；如果乘既有铁路列车，则需要15~16小时。若与高速公路比较，以上海到南京为例，沪宁高速公路274千米，汽车平均时速83千米，行车时间为3.3小时，加上进出沪、宁两市区一般需1.7小时，旅行全程时间为5小时；而乘高速列车，则仅需1.15小时。

3. 安全性好

高速铁路由于在全封闭环境中自动化运行，又有一系列完善的安全保障系统，所以其安全程度是任何交通工具无法比拟的。高速铁路问世 35 年以来，日、德、法三国共运送了 50 亿人次旅客，除德国 2008 年 6 月 3 日的事故（ICE 高速列车行驶在改建线上发生事故）外，各国高速铁路几乎都未发生过重大行车事故。这是各种现代交通运输方式所罕见的。几个主要高速铁路国家，一天要发出上千对的高速列车，即使计入德国发生的事故，其事故率及人员伤亡率也远远低于其他现代交通运输方式。因此，高速铁路被认为是最安全的。与此成对比的是，据统计，全世界由于公路交通伤亡事故每年约死亡 25 万~30 万人；1994 年，全球民用航空交通中有 47 架飞机坠毁，1385 人丧生，死亡人数比前一年增加 25%，比过去 10 年的平均数高出 20%，每 10 亿人千米的平均死亡数高达 140 人。

4. 受气候变化影响小，正点率高

高速铁路全部采用自动化控制，可以全天候运营，除非发生地震。据日本新干线风速限制的规范，若装设挡风墙，即使在大风情况下，高速列车也只要减速行驶，比如风速达到 25~30 米/秒，列车限速在 160 千米/时；风速达到 30~35 米/秒（类似 11~12 级大风），列车限速在 70 千米/时，而无须停运。飞机机场和高速公路等，在浓雾、暴雨和冰雪等恶劣天气情况下，则必须关闭停运。

正点率高也是高速铁路深受旅客欢迎的原因之一。所有旅客都希望正点抵达目的地，只有列车始发、运行和正点到终点，旅客才能有效安排自己的时间。由于高速铁路系统设备的可靠性和较高的运输组织水平，可以做到旅客列车极高的正点率。西班牙规定，高速列车晚点超过 5 分钟就要退还旅客的全额车票费；日本规定到发超过 1 分钟就算晚点，晚点超过 2 小时就要退还旅客的加快费，1997 年，东海道新干线列车平均晚点只有 0.3 分钟。高速列车极高的准时性深得旅客信赖。

5. 舒适、方便

高速铁路一般每 4 分钟发出一列车，日本在旅客高峰时每 3 分半钟发出一列客车，旅客基本上可以做到随到随走，不需要候车。为方便旅客乘车，高速列车运行规律化，站台按车次固定化等。这是其他任何一种交通工具无法比拟的。高速铁路列车车内布置非常豪华，工作、生活设施齐全，坐席宽

敞舒适，走行性能好，运行非常平稳。减震、隔音，车内很安静。乘坐高速列车旅行几乎无不便之感，无异于愉快的享受。

6. 能源消耗低

如果以"人/千米"单位能耗来进行比较的话。高速铁路为1，则小轿车为5，大客车为2，飞机为7。高速列车利用电力牵引，不消耗宝贵的石油等液体燃料，可利用多种形式的能源。

7. 环境影响轻

当今，发达国家对新一代交通工具选择的着眼点是对环境影响小。高速铁路符合这种要求，明显优于汽车和飞机。铁路（包括高速铁路）对环境的污染水平远远低于公路和航空。

根据国际铁盟对1991年欧洲17个国家用于交通对环境影响所花费的费用统计资料表明，航空、汽车、火车等不同形式运输工具，除本身的能源、材料消耗外，为环境保护和交通事故所花费的额外的社会运输成本为2724亿欧洲货币单位（ECU），相当于这些国家当年国内生产总值的4.6%。

8. 土地利用率高

在相同运量条件下，一条高速铁路相当于一条6车道高速公路，其土地利用率比公路高40%。从巴黎到里昂高速铁路的占地（420公顷）小于巴黎戴高乐机场的占地面积。

9. 经济效益好

高速铁路投入运行以来，备受旅客青睐，其经济效益也十分可观。日本东海道新干线开通后仅7年就收回了全部建设资金，自1985年以后每年纯利润达2000亿日元。德国ICE城市间高速列车每年纯利润达10.7亿马克。法国TGV年纯利润达19.44亿法郎。

知识点

气候与天气

地球大气经常在变化，因此人们看到的天气现象总是处在千变万化之中。

有时晴空万里，风和日丽；有时浓云密布，风狂雨骤。天气就是指一个地方在短时间内气温、气压、温度等气象要素及其所引起的风、云、雨等大气现象的综合状况。

气候是指某一地区多年的和特殊的年份偶然出现的天气状况的综合。气候和天气有密切关系：天气是气候的基础，气候是对天气的概括。一个地方的气候特征是通过该地区各气象要素（气温、湿度、降水、风等）的多年平均值及特殊年份的极端值反映出来的。

绿色汽车的研究与发展

汽车工业发展经历了一个多世纪，它对一个国家经济的腾飞和对人类社会的文明带来巨大影响，功不可没。汽车工业成为大多数经济发达国家的支柱产业，现代人的生活水平以及汽车性能的不断提高，对汽车需求越来越多，世界汽车工业也将保持庞大的市场需求和生产规模。目前世界汽车保有量从6亿多辆增加到2010年的10亿多辆，显然汽车工业与工业化社会的环境保护有着非常密切的关系。

目前，汽车的动力装置主要是传统的内燃机，即汽油机和柴油机，其能源为汽油或柴油，并加入一些添加剂。我国汽车消耗的燃油占全国汽油消耗的90%以上，柴油为25%以上。因此，大气污染问题几乎都与汽车的尾气排放有着密切的联系。据有关资料统计，以1994年我国930万辆汽车来计算，每天向大气排放CO达2200吨、HC达300吨、NO达1101吨。与其他污染源相比，汽车尾气排放中的污染物CO、HC、NO、SO和含有炭粒、硫化物等微粒PM对人们身体健康影响较大，威胁着人类的生命。由于汽车保有量大，使用汽车空调系统也比较广泛，且流动性大，根据20世纪80年代以来的统计，全球每年大约有12万吨CFC用于新车和维修车的空调系统，由此CFC对环境的污染和危害引起全世界的极大关注。

随着汽车工业的发展，新车开发周期的缩短，进入市场的速度加快，汽车保有量急速增加，也导致汽车报废数量逐年增多。根据意大利汽车之城都灵的菲亚特轿车公司的估计，如按意大利汽车平均使用寿命12年计算，全国

每年报废的汽车达 140 万辆，若排列起来，可长达 5000 千米，相当于意大利公路网总长的 3/4。对大量的报废车若不及时进行分类处置和回收再利用，报废车将占用很大的堆积场地。在日晒和风吹雨打的自然条件下，报废车很快会失去循环再利用的价值，不仅浪费资源，而且对环境污染严重。此外，与汽车有关的环境污染还有噪声污染、废蓄电池污染、加油站的空气污染、清洗汽车废水对环境的污染等。因此，开发新的绿色汽车是当今世界汽车发展史上的一场变革。

世界各国特别是西方的发达国家对开发绿色汽车技术非常重视，它们开发和推广的以电动汽车、多种代用燃料汽车为主要内容的绿色汽车工程正在世界广泛应用。世界各大汽车公司，如通用、福特、克莱斯勒、奔驰、雪铁龙、宝马、丰田、本田等，都在争相研制各种新型无污染的环保汽车，力图使自己生产的汽车达到或接近"零污染"标准。世界各国对"绿色汽车"的研究主要是对蓄电池电动汽车、燃料电池汽车、太阳能电动汽车的研究，代用燃料汽车开发的基本设想是使用汽油和柴油以外的燃料，如天然气、醇类、氢等，所以汽车的安全、舒适、环保、节能是近半个世纪以来汽车工业发展所面临的重要课题，这也是 21 世纪汽车工业发展的基点和追求的目标。

我国为推动和发展绿色汽车技术，于 1996 年在北京举办了一次国际电动汽车及代用燃料汽车技术交流会，这对我国开展电动汽车和代用燃料汽车的发展起到积极推动作用。许多科研机构、高校院所和企业积极合作研究开发电动汽车和代用燃料汽车，国家也非常重视，在制定"九五"计划时，把电动汽车列入科技攻关项目，在"十一五"计划国家 863 计划中，把电动汽车列入重大专项。以官、产、学、研四位一体联合攻关，以电动汽车产业化技术平台为重点，力争在电动汽车技术方面有重大突破。只不过国内外绿色汽车技术开发研究工作主要体现在能源和代用燃料方面，以达到汽车在使用过程中减少对环境的污染，而全面系统地研究开发绿色汽车的基础理论和新技术工作不多。要使汽车真正成为绿色汽车，必须对汽车全面而系统地进行绿色化技术的开发和研究，并实现产业化，才是汽车工业可持续发展的战略。

要使汽车成为一种真正的绿色汽车，应该了解绿色汽车的内涵。所谓绿色技术，它包括以下三方面的含义：

（一）绿色技术是一种现代技术体系；

（二）绿色技术是一种无公害化或少公害化技术，即无害于人类赖以生存的自然环境的技术，它主要体现在技术功能与环境功能的一致性上。因此，防止与治理环境污染，有利于自然资源生态平衡的技术均是绿色技术，这是判定绿色技术的生态标准或环境标准；

（三）用绿色技术生产出的产品应该有利于人类的建设和福利，有利于人类文明进步，这是判定绿色技术的社会标准。所以，绿色技术创新体系中的最高级别是绿色产品。也就是说，绿色产品是绿色技术创新结果的最终载体，而绿色产品的获得必须以绿色设计和绿色制造为基础，这也是绿色技术的核心内容。所以，严格说来，应用绿色技术开发出来的汽车才算是名副其实的绿色汽车。

汽车的绿色设计与传统设计方法不同，它包括概念设计、生产工艺设计以及使用乃至废弃后的回收再利用及处理等内容，即进行汽车的全寿命周期设计。要从根本上防止污染，节约资源和能源，首先决定于设计，要在设计过程中考虑到产品及工艺对环境产生的副作用，并将其控制在最小范围之内以致最终消除，这就是绿色汽车设计的基本思想。

汽车使用什么能源，这是绿色汽车技术开发研究中的一个关键问题。为了保护环境，各国都制定了汽车排放标准法规，美国、日本和欧洲经济委员会的汽车排放法规是目前世界主要的三大汽车排放法规。为符合汽车排放标准，目前主要从以下几方面开展研究工作。

（一）汽车发动机技术改造。研究汽车发动机存在的技术问题，对发动机的结构进行改进。如采用多气门技术，去掉发动机燃油供给系统的化油器，采用电喷系统等，使用新技术从发动机本身来改善燃烧状态，提高燃烧质量，降低汽车排放的污染，以及对汽车尾气排放的治理等。

（二）发展代用燃料。把选择和发展汽车发动机代用燃料作为研究的方向，以求解决和满足越来越高的环保要求。目前运用代用燃料包括压缩天然气（CNG）、液化石油气（LNG）、醇类燃料、氢气等。

（三）开发研究新能源。新能源的开发和应用，主要由于 2 个方面的原因：1. 世界石油能源面临危机。据国内外有关专家估计，地球上的石油资源

将于 21 世纪中叶消耗殆尽。2. 为了满足环境保护的需要。这就要求汽车工业提高能源使用效率，减少污染物的排放量。解决这一问题的有效途径是开发研究电动汽车、太阳能汽车等。利用电能和太阳能作为汽车新能源，这两种新能源是当今国内外开发研究的重点。

（四）绿色汽车的再制造。汽车的回收再制造工程是以汽车全寿命周期设计和管理为主线，从环保角度出发，以节能、节材、优质、高效为目的，采用先进的技术和生产方式，对报废汽车采取一系列的技术措施，对汽车进行修复和改造，达到再利用的目的。据统计，汽车发动机采用回收再利用的先进制造手段，制造零件的材料和加工费仅占 6% ～ 10%（而重新制造则要占 70% ～75%），这不但节约了资源和人力，而且有较好的经济效益和社会效益。国外从 20 世纪末开始对汽车回收再制造工程非常重视，做了大量工作，且不光是汽车行业，在其他行业也大力提倡开展回收再制造工作。我国对于回收再利用也开展了一些工作，但在汽车工业深层次的、有规划的开展汽车回收再制造工程，尚属起步阶段。政府有关部门现在已经开始重视这个问题，一些科研院所也加大了对工程回收再利用技术的研究和开发，就回收再制造工程本身而言，无疑是一个有广阔发展前景的新兴研究领域和新兴产业。

由于绿色汽车本身具有的优越性，它有着潜在而巨大的市场前景。绿色汽车的开发是汽车工业新的经济增长点，可使汽车工业真正得到可持续发展。绿色汽车将给人类带来更加灿烂的文明，21 世纪将是绿色汽车的世界。

知识点

内燃机与交通

内燃机是将液体或气体燃料与空气混合后，直接输入机器内部燃烧产生热能再转化为机械能的一种热机。内燃机具有体积小、质量小、便于移动、热效率高、启动性能好的特点。内燃机的构想在 17 世纪中叶出现，并于 19 世纪末发展完善。

内燃机，特别是汽油机和柴油机的出现，是第二次工业革命的重要成果，它们为交通运输业开辟了广阔的前景。1886 年，装置汽油机的汽车诞生，开始了汽车工业的新时代；1887 年，汽油机驱动的轮船开始在江河湖海中出没往返，开辟了水上运输的新纪元；1903 年，装上汽油机的飞机开始翱翔长空，揭开了人类航运的新篇章。

未来的新型交通工具

截至 2008 年 10 月底，我国私人机动车保有量为 16671.33 万辆，其中，汽车 6222.18 万辆，摩托车 8886.64 万辆，挂车 9.06 万辆，上道路行驶的拖拉机 1463.38 万辆，其他机动车 2.08 万辆。大量新增的机动车使城市堵车变得越来越频繁，大量尾气排放不仅污染了环境，而且浪费了能源。为了应对堵车的弊端，采用更环保轻便的节能交通工具成为未来交通发展的一条思路。

单轮智能代步车

2009 年 9 月，日本本田汽车公司向外界展示了一种新型的"个人机动"装置 U3－X，乍看上去，骑着它可能有点不稳，不是特别舒服，但本田汽车认为，这种新式工具有望成为道路上的一种常见的交通工具。

U3－X 像一辆非常现代的独轮车，你只要把身体向前、向后、向左、向右倾斜，它就会随之改变前进的方向。这种工具的时速可达 3.7 英里（5.95 千米），仍能保持平衡状态。本田汽车表示，记者们已经对 U3－X 进行了试骑，当初设计它时速要求不能太大，安全第一。

U3－X 上的单轮由很多利用发动机控制的小轮子组成，这样它就可以做到向任何方向突

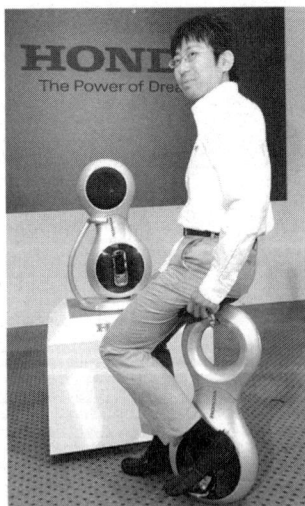

单轮智能代步车

然转向。但本田汽车总裁伊东孝绅表示，这种机器目前还处于研发阶段，公司还不打算把它投放市场，也没给它定价，同时没有确定它适合在哪些地方使用以及如何使用。

U3－X 的重量不足 22 磅（9.98 千克），由锂电池提供动力，每次充电后可连续使用一小时。这种工具最适合那些身高超过 5 英尺（1.52 米）的人使用。虽然本田汽车说这种工具适合老年人使用，但目前还不清楚老年人的协调能力是否足以控制它。本田汽车曾研制出会走路的人形机器人 Asimo，U3－X 采用了其中一些技术。

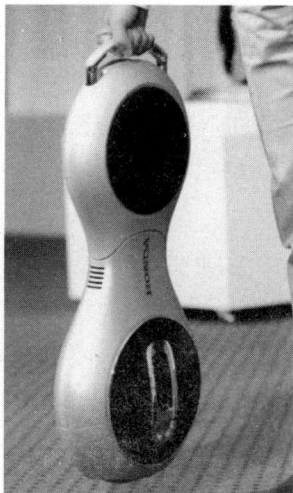

轻便的智能代步车

飞行汽车

差不多自汽车问世以来，人们一直梦想着能够打造一种既能在路上奔驰，又能飞上云霄的陆空两用车。多年来，许多梦想家们尝试着建造这种"可在路上行驶的飞机"，但多数仍停留在纸上谈兵阶段，仅有少数能付诸实践。如果有了飞行汽车，将会告别地面的堵车，大量的噪声污染和能源浪费也会随即解决。以下就是一些公司设计的 7 款飞行汽车：

1. 美国：Sokol A400

总部位于美国加州亨廷顿比奇市的先进飞行汽车公司（Advanced Flying Automobile）设计的 Sokol A400。

美国的飞行汽车

乍看上去，俯冲而下的线条和运动型外观，使 A400 倒像是一款新型跑车。打开引擎盖之后会进一步印证这一想法，因为你可以看到雪佛兰克尔维特发动机，它的速度可达 100 英里/时。不过，只需轻摁按钮即可弹出伸缩机翼；后面的螺旋桨从车厢出现；

"扰流器"变成垂直稳定翼，延伸至整个汽车；最终，两个水平稳定翼会从后轮后面现身。

AFA 的 Sokol A400 目前尚处于设计阶段，1/4 成比例模型正在测试之中。先进飞行汽车公司希望今后几年能够设计出实际大小的模型，如果可能的话，5 年之内开始投入生产。消费者估计需花费 30 万~40 万美元才能将这款飞车开回家。

2. 美国：Air Car

另一款颇富前景的设计来自于华盛顿州温哥华市的米尔纳·莫托斯公司（Milner Motors）设计的飞车 Air Car。据米尔纳的网站介绍，Air Car 是一款四门四座飞车，飞行中机翼可以向机身后面折叠，此时宽度同丰田花冠汽车一般大小。它采用两个导管风扇（安装在汽缸上的螺旋桨，比普通螺旋桨提供更多的推力），在 1000 英里的飞行里程中速度达到 200 英里/时。为保持飞车不超过地面速度限制，一台 40 马力（1 马力合 0.735 千瓦）发动机负责 Air Car 在地面行驶时使用。据米尔纳·莫托斯公司的网站称，目前正在制造 Air Car 产品原型。一旦设计投入生产，估计售价在 45 万美元左右。

3. 美国：Sky Rider XR2

人们对飞车概念最主要的一个担心是，这些飞行速度快、占据相同空域的飞行物体会引发安全问题。Macro Industries 公司在研发 4 座、垂直起降飞车 Sky Rider XR2 的过程中充分考虑到这一点。为融入美宇航局开发的"空中高速公路"电脑导航系统，Macro Industries 公司专门制造了这款飞车。新系统与当前使用的逐项全球定位导航系统存在类似之处，还可以监督空中交通，确定最佳高度和路线以避免同其他飞行器发生碰撞。

Sky Rider XR2 还会更好地利用这套系统，使用户可以简单编写目的地和飞行程序，沿途还可根据空中交通和天气的

飞行汽车效果图

实际状况作出改变。Sky Rider XR2 目前尚处于设计阶段，同时积极寻找投资者以筹集资金。一旦可以开始投入生产，估计成本最初在 50 万～100 万美元，而倘若市场供不应求需要进行批量生产，则成本有望降至 5 万美元。

4. 美国：Sky Bike

总部设在美国加利福尼亚州的 Samson Motorworks 公司正在开发 Sky Bike，一款配有压缩机翼（telescoping wing）的两座"多模式车"（MMV），从侧面看上去就像鲨鱼的身体。

Sky Bike 飞车采用无铅汽油，飞行速度可达 220 英里/时；而在高速公路上速度为 55 英里/时。Samson Motorworks 公司还在研制混合动力版本，有望使这款在地面和空中行走的飞车效率更高。

5. 荷兰：PAL-V One

另一款三轮飞车则是 PAL-V Europe 公司的大手笔，具有独一无二的性能：PAL-V One 外观看上去像汽车，能像摩托车一样在地面骑行，但同时又能像旋翼飞机一样在空中飞行。转子叶片不用时可在车顶折叠起来，而安装在车身后面的螺旋桨隐藏于机尾，可以从后面滑出或滑入。

PAL-V One 的飞行距离可达 500 英里，速度为 125 英里/时，与其他多款飞车不同，它的飞行高度只有 4000 英尺，这一高度足以令其摆脱地面交通堵塞的烦恼，但又同正常飞机有所区别。

上述两款飞行摩托仍在研发之中，Sky Bike 于 2009 年晚些时候投入生产，而 PAL-V One 则有望最早在 2011 年问世。

6. 英国：jet Sky Car

根据设计，jet Sky Car 其实是一款越野车，可以像飞机一样飞跃山川和溪流等障碍物。它使用一个安装在车身后的大型螺旋桨去获得升力，采用生物燃料和滑翔机翼，滑翔机翼从车顶延伸出来。通过这种完美组合，jet Sky Car 能以近 70 英里/时的速度飞行 185 英里左右，巡航高度一般在 2000～3000 英尺，最高可达 1.5 万英尺。

jet Sky Car 并不是停留在绘图板上的设计。从 2009 年 1 月 14 日开始，一个探险小组驾驶摩托车、四轮驱动汽车和 jet Sky Car，成功穿越英国、法国、西班牙、摩洛哥和撒哈拉大沙漠。这次旅行不仅给人留下深刻印象，Sky Car

还创造了一项纪录——穿越直布罗陀海峡的第一辆生物燃料飞车。如果你梦想有一天拥有自己的航空勘察工具，那么 Sky Car 无疑是理想候选者。Sky Car 不久会上市销售，售价大概在 10 万美元。

7. 美国：Transition

如果你打算在高层建筑物林立的城市中航行，美国马萨诸塞州沃伯恩 Terrafugia 公司开发的 Transition 应该是你绝佳的选择。Transition 由一批曾在麻省理工学院（MIT）深造过的工程师设计，是一种适于在路面行驶的飞行器，最大看点在于它的机翼，可在 30 秒钟内折叠起来。在道路上行驶时，Transition 机翼可以折叠紧贴于机身，这样，你可以将其开进只能装下一辆车的标准车库。

据悉，Transition 的飞行距离可达 460 英里，最高时速 115 英里。在路面行驶可以变换成汽车模式。最令人称道的是，Transition 使用标准无铅汽油，在路面行驶时速度达到 30 英里/时。2009 年 3 月 5 日，Transition 成功完成首次试飞，接下来还将进行更为广泛的飞行测试。

低碳环保的绿色交通

绿色交通是一个全新的理念，它与解决环境污染问题的可持续发展概念一脉相承。它强调的是城市交通的"绿色性"，即减轻交通拥挤，减少环境污染，促进社会公平，合理利用资源。其本质是建立维持城市可持续发展的交通体系，以满足人们的交通需求，以最少的社会成本实现最大的交通效率。绿色交通理念应该成为

无轨电车

现代城市轨道交通网络规划的指导思想，将绿色交通理念注入城市轨道交通网络规划优化决策之中，研究城市的开发强度与交通容量和环境容量的关系，使土地使用和轨道交通系统两者协调发展。这种理念是三个方面的完整统一

结合，即通达、有序；安全、舒适；低能耗、低污染。

绿色交通环境受益

加拿大人克里斯·布拉德肖（Chris Bradshaw）于1994年提出绿色交通体系（Green Transportation Hierarchy），其论点为绿色交通工具的优先级，依次为步行、自行车、公共运输工具、共乘车，最末者为单人驾驶之自用车（Single-Occupant Automobile）。依据布拉德肖的论点，如果能应用上述之绿色交通体系，则可获致下列好处，包括自然环境、社会以及经济方面。

自然环境，减少空气污染与酸雨；减少公共空间与家里之噪音；减少农业区与敏感地区之都市化；减少街道尘土与污垢。

社会方面，降低市街犯罪（更多"眼睛"在街上）；增进个人运动与健身；提高市区生活品质；减少交通肇事的生命损失；减少交通拥挤所损失的时间；减少穷人与资深公民（Senior Citizen，意指老人或长者）买车的需要；减少儿童在私用车内的时间。

经济方面，降低能源费用；减少能源短缺的伤害；活化邻近商业活动；降低健康照料的费用；减少因肇事受伤、压力与交通拥挤所浪费的时间；降低所有交通费用。

绿色交通的指导原则

交通技术如果用来增加私有车辆的使用或增加其方便性，则不为合适的交通技术；反之，如果用来增加生活需要的旅次，而不使用私人机动车辆，则称为合适的交通技术。假如交通技术是用来减少私人机动车辆之使用，用来增加更多的绿色交通工具，则为合适的。交通技术本身需具环境、经济与社会的永续性。

依据上述界定，替代燃料仅用于私人机动车辆，属于不合适的，因为它虽然改善了部分之空气污染，但对于原有私人交通工具所引发的土地使用、肇事损失、社会和经济问题，并未获致有效的改善；相对的，使用替代燃料的出租车、大众运输和送货车辆，如果作为私人机汽车或货车的替代交通工具，则可称为合适的。再者，智能型运输系统的智能型公路与车辆技术，如果仅用于改善私人交通工具的使用，则属于不合适的；相对的，有些智能型运输系统的技术，若用于公共交通工具，使得公共运输更有效率，更多人愿意使用，则为合适的。若用于道路拥挤收费，以阻止不必要之个人机汽车使用，并将其收费所得投资于绿色交通工具，则此为合适的。

最后，利用通讯科技的视讯会议、远距教学和工作，则可减少交通旅次又兼顾社会公平，属于合适的，依此类推，增加绿色交通工具的使用，包括步行、自行车、公共运输与共乘等的交通技术，可以减少个人机动车辆的使用，均属合适的交通技术。另外，如能促进机动车基础设施（如道路）转换为绿色交通基础设施，则属合适的，包括改成以步行及自行车为主之绿色街道、交通宁静区，以及将公路、车道改为公共交通工具专用道或轨道使用等。

以人为本的规划

（1）人的可及性优于车辆之移动性

以人为本的规划，考虑人的可及性，更甚于车辆的移动性。其目的是让人们可以不必花很多旅行时间，即可满足其基本需要。如此，则较具社会公平，亦不必花太多钱用于昂贵的交通费用。

（2）重新定位运输体系

经由可及性优先之规划，则以往以机动车辆与货车为优先的运输体系，宜转为以步行第一的架构，意即步行在政府政策、教育与交通投资等，均具有第一优先的资源赋予，接着为自行车设施，再次为大众运输、出租车、共乘，接着为私人机汽车、货车与客、货空运。

（3）增进人们活动的比率，而非增加车行速率

城市与乡镇的人们，如果喜于步行、自行车与公共运输，常会制定道路速限，使得街道更安全，供作公共空间使用，可以增加地区之经济，促进人们在街上的活动与互动，减少犯罪。北欧有研究指出，当街道车辆交通庞大，人们在街道社交较少，大都留在家里，导致犯罪增加。

（4）各种运输工具的有效整合与联运

包括乡镇、都市与都会区、国家与国际等层级运输的整合。

（5）运输与其他部门的整合

包括能源、住宅、健康、土地使用、经济、科技、环境、社会服务、教育和其他相关单位之整合。

打造绿色交通各有高招

适当采取经济手段

拥挤收费是对小汽车在高峰拥堵时段使用城市道路、桥梁、隧道和停车场收取额外费用的措施。新加坡和伦敦在此方面的实践比较成功。

新加坡是世界上首个实施拥挤收费的国家，1975 年 6 月开始实行，效果显著。高峰时段小汽车出行减少 2.47 万辆，车速增加 22%；

新加坡交通

在整个收费时段，收费区域内小汽车出行减少 13%，由 27 万辆降至 23.5 万辆；单独驾驶出行的小汽车减少；机动车出行由高峰时段向非高峰时段转移。

伦敦实施交通拥挤收费最初仅应用到一个较小的区域，那里是伦敦最为

伦敦交通

拥堵的几条街道。由于效果显著，所以后来收费区域不断扩大。实施收费后，拥堵减少了约 30%；收费区域内工作日的小汽车行驶速度提高了 10% ~ 20%；氮氧化物、可吸入颗粒物的排放量减少了 13% ~ 15%；改善了公共交通；公交车运营从交通拥堵缓解中获益；支付系统运行良好；公众支持拥挤收费。

打造"自行车城市"

为进一步推广自行车，哥本哈根在 1995 年推出了一个名为"城市自行车"的自行车短期租赁计划。该计划希望为城市配备足够的"空闲"自行车，以满足"适当距离"的出行需求。与普通自行车外观有明显区别的 2000 多辆白色自行车，被分布在全市 125 个自行车站里，使用者往投币机

哥本哈根街头

里投入 20 克朗（约 3.7 美元）就可以取到一辆自行车，并在归还该车后取回这些押金。实施这项计划的部分资金来自于自行车上的广告收入。除了能补充轨道交通的可达性，公共交通管理部门还希望"城市自行车"计划能够降低轨道交通车厢内的自行车搭载量，从而为乘客提供更多的乘车空间。

为了减少城市温室气体排放量，法国巴黎市政府 2007 年夏天引进一项"自行车城市"计划，到 2007 年底，有 2.06 万辆自行车散布在巴黎市内新建的 1450 个自行车租赁站，为市民提供几乎免费的自行车租赁服务。市内每隔 200 多米就有一个联网的租赁站，租赁后，在任意一个租赁站即可归还自行车。需要使用这些自行车的市民，只需向租赁站提供 195 美元预付押金或信用卡及个人资料。自行车的收费标准因时间而定，如果租赁时间超出半小时，

巴黎自行车计划

每 30 分钟的收费将出现成倍递增，以鼓励人们提高自行车的使用效率。

错开上下班时间

错时上下班和弹性工作制，是欧美发达国家大中城市普遍采用的做法，是被公认和被证明行之有效的提高道路资源利用率的一种方法，从交通工程理论上来说是一种"平峰"的手段。

早在 20 世纪 70 年代初，德国一些大城市就已开始实施错时上下班制度。制造业一般是早上 7：00 上班，下午 3：30 或 4：00 下班；政府部门采取弹性工作制，工作日内上午 9：00 至下午 3：00 为固定上班时间，其余时间可以根据个人工作情况错时上下班，每天的工作时间不能少于 6 小时，不能多于 9 小时，政府的工作会议被统一安排在上午 9：00 至下午 3：00 之间进行，对外办公窗口另行规定；商业服务部门及商业性公司一般是早上 9：30 或 10：00 上班。

错时上下班和弹性工作制不仅充分利用了道路资源，减少了交通拥堵，同时，也有利于减少环境污染和缓解公共交通运力紧张情况，增加和提高商业、娱乐业晚间的营业时间和营业额等，可谓一举多得。

严格控制汽车数量

新加坡交通的整体规划基本每 5 年进行一次。在控制私人小汽车数量方面，新加坡实施了汽车配额系统和进入限制区收费等措施。在新加坡，上路的汽车需要"上路证"，其数量由政府严格控制，确保每年新增汽车数量不超过 3%。通过这项措施，新加坡成功地将汽车年度增长率从 20 世纪 80 年代的 7% 降低到 90 年代的 3%，而且进入 21 世纪后仍控制在这一水平上。截至 2007 年 9 月，新加坡车辆总数量为 80 万辆左右，其中轿车为 47 万辆。为控制进入市中心的汽车数量，新加坡从 1975 年开始，对进入中心限制区的汽车实行收费，并于 1998 年开始使用电子道路计费系统。

新加坡之所以能够成功利用这些措施控制私人小汽车数量，其基础在于成熟的公共交通系统。到 2008 年，新加坡公共交通的使用约占所有城市交通方式的 58%，而且新加坡公共汽车还拥有全天候专用道和优先交通信号。

环境保护，从低碳生活开始

HUANJING BAOHU，CONG DITAN SHENGHUO KAISHI

在人们物质生活极大丰富的今天，在环境污染和资源消耗的双重压力之下，社会中的每一个成员都面临着两种选择：继续无节制地消耗资源，向环境排放大量的污染物，引起空气污染、气候变暖、饮用水短缺、土壤污染、农作物被毒化；或自我节制，自觉地以低碳生活标准要求自己，生产或消费无污染、少污染的产品，节约能耗，保护我们的环境。显然，后一种选择才是有利于我们个人和人类发展的。

作为社会的一员，每个人的低碳生活，每个人节能环保的行为都对社会和国家起着重要的作用。每人节约一滴水，汇起来就会成为一条大河；每人节约一度电，汇起来就相当于几座发电站的发电量；每人节约一张纸，汇起来就能保护一片森林……节能环保，需要我们每一个人；低碳生活也需要我们每个人的参与。

低碳生活，从我做起

人类只有一个地球，它是人类生命的根源，是我们共同的家园。作为地球村的成员，我们有责任也有义务，从生活中的一点一滴做起，节约能源，保护环境，减少污染，共同维护我们美好的家园。

节约能源，举手之劳；绿色环保，义不容辞；从我做起，从点滴做起。

（一）在日常工作和生活中，我们每个人都应该主动增强危机意识、节约意识与环保意识，多方面努力学习，加强对环境保护及节约能源方面知识的学习，充分认识到我国资源短缺危机，了解节能环保对国家及个人的真正意义，真正树立起节能环保意识。

（二）尽量选用高效环保节能灯，虽然前期投资偏高，但从长期发展来看，既节约了投资成本，又为国家的节约用电做出了贡献。因为第四代照明光源——新型 LED 绿色光源，在同等亮度下，其耗电量仅为普通白炽灯的 1/10，而寿命却是白炽灯的 50 倍。

（三）日常生活中，尽可能选择使用太阳能绿色环保型新能源，比如太阳能发电器、太阳灶、太阳能灯、太阳能帽、太阳能手电筒、太阳能干燥器、太阳能热水器、地板采暖系统等。太阳能系列环保绿色产品具有环保、节能、安全、方便、使用寿命长，一次投资、长期受益的显著优点，既有利于节约国家能源，又实现了绿色可持续的发展，引导节能环保生活新时尚。

（四）要时时刻刻注意节约用电。电是我们每天甚至每时每刻都会用到的东西，电的应用及浪费占据了我们生活的绝大部分。因此我们要做到随手关灯，在光线充足时尽量关闭照明电源，或减少照明电源的数量，不要因为是国家的或集体的，就不知珍惜，随意浪费，将节约用电升华到为祖国节能，为人民服务的思想境界，做到人走灯灭，不留长明灯。

（五）在我们的日常生活或工作中，当空调或电脑等家用电器可能超过一个小时停用时，要将其正常关闭，并拔掉电源插头。因为关机后如果不把插头拔掉，待机同样耗电。据统计，一台电脑主机每小时耗电 5 瓦、显示器 5 瓦、音箱 10 瓦、小猫（调制解调器）3 瓦，不算打印机、扫描仪等其他不常用的设备，合起来就是 23 瓦。一晚上至少待机 10 小时，那么一个月下来，就有 7 度电在不知不觉中流失了。还有一个简单的技巧，就是在你离开的时候，把显示器关掉。因为根据测算，显示器的耗电量要占整个电脑系统的 1/3 左右，把它关掉，相当于省下了一台 25 寸电视机的耗电量。节约用电，不仅使用时注意，更要避免不使用时造成的待机耗电。

（六）我们在使用空调前，应先开窗通风，空调开启后不要随便打开门窗。夏天的温度尽量控制在 26～28℃之间。据检测，制冷时温度每降低 2℃，或取暖时温度每升高 2℃，耗电量平均将增加 1 倍。并要注意经常清洗滤网，也可以起到一定的节能降耗的作用。

（七）专家们指出，就目前到处存在浪费水资源的情况来说，运用今天的技术和方法，农业可以减少 10%～50% 的需水，工业可以减少 40%～90% 的需水，城市可以减少 30% 的需水。因此，我们要注意节约用水，要随手关闭水龙头，坏掉漏水的水龙头要及时维修，以避免过多的浪费，在可能的情况下尽量一水多用，时时刻刻提醒自己，做到时时节约，事事节约，并要积极倡导和监督周围的人。

（八）要注意爱护森林资源，节约用纸。复印纸尽量两面用，少用一次性用品，如塑料袋、一次性筷子、饭盒等，自带餐具，减少白色污染，爱护花草树木，保护国家资源，节约地球现有能源。

（九）做好计划统计，尽量一物多用，学会旧物巧利用，变废为宝，让有限的资源延长寿命。节约使用不可再生能源，合理应用可再生能源，全面提高自己的节能环保意识，养成勤俭节约的好习惯。

（十）工业发展上，要合理改善能源结构，尽量使用绿色可持续发展能源，选择节能、环保、安全、方便的能源。个人或家庭，要选用节能环保型产品，不仅节约了自己的开支，更为国家的环保节能工作多贡献一份力量。

（十一）有车的朋友，开车时，尽量不要原地热车，不要急刹车，保持速度，并对车辆及时检修，保证其废气排放量达到国家标准，维持良好性能，减少能源耗费和废气污染。

（十二）我们国家有关大气污染方面，对未划定为禁止使用高污染燃料区

域的大中城市市区内的其他民用炉灶，限期改用固硫型煤或者使用其他清洁能源。所以我们每个人也应注意，不要随便燃烧污染性较强的物品。

（十三）垃圾应按照国家规定统一处理，注意分拣。在我们的生活中，随处可见不少垃圾都是就地焚烧，因垃圾中有很多燃烧后会产生有毒气体的物品，如塑胶物品燃烧时刺鼻的气味，不但影响我们的正常生活，更危害了我们的身体健康。因此，我们不但要自己做到不随便就地焚烧垃圾，也要做到及时纠正和规劝别人的这种行为。

（十四）人人尽力，避免噪音污染。做到不大声喧哗，不在市内鸣笛，共同努力，营造安静舒适的生活和工作环境。噪声级为 30 ~ 40 分贝是比较安静的正常环境；超过 50 分贝就会影响睡眠和休息。由于休息不足，疲劳不能消除，正常生理功能会受到一定的影响；70 分贝以上干扰谈话，造成心烦意乱，精神不集中，影响工作效率，甚至发生事故；长期工作或生活在 90 分贝以上的噪声环境，会严重影响听力和导致其他疾病的发生。

（十五）要做到不要将未经处理的工业或生活污水随意排出。要按照国家工业或家庭小区规定，来进行污水的排放和处理。水是我们生活中方方面面都可能随时用到的东西，水的洁净与否，与人体的健康有着直接的联系。水污染后，通过饮水或食物链，污染物进入人体，使人急性或慢性中毒。砷、铬、铵类等，还可诱发癌症。被寄生虫、病毒或其他致病菌污染的水，会引起多种传染病和寄生虫病。因此，我们要时时注意自己的一举一动，可能我们今天的大意，就会造成明天的危害。

（十六）养成不随地吐痰，不乱扔垃圾的好习惯。因为粉尘污染物分解后，会随着空气吸入人体，将对人体产生很大的危害。另外，要注意回收废旧电池和纸张，尽量减少污染。

（十七）请选用环保建材装修居室。很多人在住进新装修的房子后，会感到头痛、恶心等，这都是装修过程中所造成的污染引起的（如使用了含苯等有害物质超标的材料）。因此，在装修时要尽量使用环保材料。

（十八）拒用野生动物制品。如不穿珍稀动物皮毛服装，尽量穿天然织物；拒食野生动物；在野外旅游，不偷猎野生动物等等。维护地球生态平衡，保护环境。

（十九）"节约能源，保护环境，人人有责。"这不只是一句口号，更要付诸实践，每个人都要从自身做起，从现在做起，从生活中的一点一滴做起。

（二十）做到主动宣传与加强节能环保意识，积极加强对自己和他人的监督，努力在日常实践中为周围的人们树立起节能环保的好榜样。

美丽的地球，安宁的生活，洁净的环境，是我们建设文明小康社会的必要条件，是我们创造美好生活的有力保障，保护环境，人人有责。

日常生活中尽量避免水污染、大气污染、固体废物污染、噪声污染等，努力做好绿色环保工作；注意节约用水、节约用电、节约粮食、节约生活中的每一件物品，充分实现节能降耗的真正意义。

"节约环保你我他，造福子孙千万家"，今天你我的努力，将是明天祖国的辉煌。可持续发展是一个长期的战略目标，需要人类世世代代的共同奋斗。现在是从传统增长到可持续发展的转变时期，因而最近几代人的努力是成功的关键。我们每个人都必须从现在做起，坚定不移地沿着可持续发展的道路走下去。每个人都应积极响应国家的号召，努力实现绿色可持续发展，共享白云蓝天。

请大家积极响应倡议，从现在开始，从一点一滴做起，努力为节能环保多尽一份心，多出一份力。

■■■ 引导绿色时尚的产品

什么是绿色产品

绿色产品是指生产过程及其本身节能、节水、低污染、低毒、可再生、可回收的一类产品，它也是绿色科技应用的最终体现。绿色产品能直接促使人们消费观念和生产方式的转变，其主要特点是以市场调节方式来实现环境保护为目标。公众以购买绿色产品为时尚，促进企业以生产绿色产品作为获取经济利益的途径。

为了鼓励、保护和监督绿色产品的生产和消费，不少国家制定了"绿色

标志"制度。我国农业部于 1990 年率先命名推出了无公害"绿色食品"。至今，绿色产品已经涉及人们居民生活的各个方面。但是，绿色产品的价格是普通的同类产品的好几倍。

绿色产品的分类

绿色产品标志

绿色产品可以从不同的角度进行分类，例如可按与原产品区分的程度分为改良型、改进型，也可按对环保作用的大小，按"绿色"的深浅来划分。"绿色"是一个相对的概念，很难有一个严格的标准和范围界定，它的标准可以由社会习惯形成，社会团体制定或法律规定。但按国际惯例，一般只有授予绿色标志的产品才算是正式的绿色产品。

由于各国确定的产品类别各不相同，规定的标准也有所差别。以德国为例，它是世界上发展绿色产品最早的国家。其绿色产品共分为 7 个基本类型，下面列举这 7 个基本类型中的一些重点产品类别：

1. 可回收利用型。包括经过翻新的轮胎，回收的玻璃容器，再生纸，可复用的运输周转箱（袋），用再生塑料和废橡胶生产的产品，用再生玻璃生产的建筑材料，可复用的磁带盒和可再装上磁带盘，以再生石制造的建筑材料等等。

2. 低毒低害的物质。包括非石棉垫片，低污染油漆和涂料，粉末涂料，锌空气电池，不含农药的室内驱虫剂，不含汞和镉的锂电池，低污染灭火剂等等。

3. 低排放型。包括低排放的雾化燃烧炉，低排放燃气禁烧炉，低污染节约型燃气炉，凝汽式锅炉，低排放废式印刷机等等。

4. 低噪声型。包括低噪声割草机，低噪声摩托车，低噪声建筑机械，低噪声混合粉碎机，低噪声低烟尘城市汽车等等。

5. 节水型。包括节水型清洗槽，节水型水流控制器，节水型清洗机等等。

6. 节能型。包括燃气多段锅炉和循环水锅炉，太阳能产品及机械表，高隔热多型玻璃等等。

7. 可生物降解型。包括以土壤营养物和调节剂合成的混合肥料，易生物降解的润滑油、润滑脂等等。

➜ **知识点**

生物降解

生物降解是指微生物把有机物质转化成为简单无机物的现象。自然界中各种生物的排泄物及死体经微生物的分解作用转化为简单无机物。微生物还可降解人工合成有机化合物。如通过氧化作用，把艾氏剂转化为狄氏剂；通过还原作用，把含硝基的除虫剂还原为胺；芳香基的环裂现象也是微生物降解作用常见的一种反应。

微生物降解作用使得生命元素的循环往复成为可能，使各种复杂的有机化合物得到降解，从而保持生态系统的良性循环。

让家电节能又环保

2007 年，中国电冰箱企业年销售量合计达到 3079 万台，同比增长 19.56%。其中，内销 1427 万台，同比增长了 13.6%，增长率为 5 年来最高水平，冰箱产业再次进入高速发展期。2008 年前 10 个月，冰箱总零售量为 344 万台，同比增加 13.95%；冰箱总零售额 88 亿元，同比增长 23.15%。由于传统含氟冰箱对臭氧层的破坏，目前城镇居民正在逐步淘汰含氟冰箱，取而代之的是更节能更环保的冰箱。正确使用冰箱，不仅能为家庭节省开支，更能为全社会的节能和环保做出贡献。

1. 远离热源，保持空隙

冰箱周围的温度每提高 5℃，其内部就要增加 25% 的耗电量。因此，应

尽可能放置在远离热源处，以通风背阴的地方为好。热食不要直接放进冰箱，达到室温时再放入。冷冻室内的食品最好用塑料袋小包包装，可以很快冷冻，既不易发干，又免湿气变成霜；食品不宜装得太满，与冰箱壁之间应留有空隙，以利于流动冷气；冷冻的食品，在食用前最好有计划地把它转至冷藏室解冻。

2. 开门忌频繁

如果开门过于频繁，一方面会使电冰箱的耗电量明显增加，同时也会降低电冰箱的使用寿命。由于电冰箱的箱门较大，如果开门次数较多，箱内的冷气外溢，箱外的暖湿空气乘机而入，就会使箱内温度上升。同时，进入箱内的潮湿空气容易使蒸发器表面结霜加快，结霜层增厚。由于霜的导热系数比蒸发器材料的导热系数要小得多，不利于热传导，造成箱内温度下降缓慢，压缩机工作时间增长，磨损加快，耗电量增加。若蒸发器表面结霜层厚度大于 10 毫米时，则传热效率将下降 30% 以上，造成制冷效率大幅降低。另外，当打开箱门的同时，箱内照明灯就开启，既消耗电能又散发热量，显然也是不利于节能的。

3. 停电保鲜，错峰用电

如果你担心用电高峰期导致"电荒"的话，建议你最好用具有"分时计电、停电保鲜"功能的冰箱。这种冰箱在拉闸限电、突然停电长达 20 小时的情况下，仍能制冷保鲜。而且，其"分时计电"功能可以避免在电价昂贵的用电高峰时段制冷，自动实现"错峰用电"。

节能冰箱

以北京为例，如果晚上 22 点至次日早上 8 点的电价是高峰电价的 1/4，消费者就可将 22 点至次日 8 点的低谷时段信息输入冰箱电脑控制面板。这样，冰箱制冷系统在晚 22 点就自动开启，进行制冷和蓄冷，到早上 8 点电价上涨后，由蓄电池驱动微型风扇，将蓄冷器的冷量吹送给冰箱内的食物，从而充分使用低价的谷电，避开了昂贵的峰电。

从无氟到节能，冰箱的设计越来越朝着节能和环保的方向发展，选购什么样的节能冰箱才最环保呢？

第一招：抓保鲜

冰箱虽然早已不是单纯的"食物冷藏箱"，但是冰箱核心的功能还是保鲜。据科学分析，要想保持食物的新鲜，一方面需要冰箱内部具有恒温强"冻力"，另一方面，需要保持冰箱内的空气净化新鲜。只有有强劲的"冻力"，食物存储目的才能得以有效实现，因此在冰箱选购中，冰箱的"冻力"一定得提高到一个高度。

在"冻力"把控上，目前市面上的大多数产品都做得不错，特别是一些善于技术突破的大品牌更是做出了自己独到的特色。如某品牌推出的绿钻A＋＋系列产品，以采用新型制冷技术和工艺，不但确保了4.5千克强冻力，而且通过配备"钛光纳米除味"、"银离子杀菌"以及"－7℃养鲜室"等创新功能，实现了健康、保鲜的两不误。

第二招：看能耗

冰箱可是十足的"电老虎"，它的用电量占据了家庭整个用电的50%以上，故此，选择一台耗电量小的节能冰箱可是为你以后省钱的明智之举。不论能耗标识如何宣传，在选择时只要坚持"冻力、节能一个都不能够少"的二手齐抓的原则，走出雾里看花的困惑基本就没有问题了。所谓"冻力、节能一个都不能够少"，就是说我们在看冰箱日耗电的同时也要看冰箱的"冻力"，不要偏颇地认为能耗数字越小就越省电，只有冻力和日耗电得到最佳结合才能够真正地为你带来"省"。

第三招：选容积

可别小看冰箱的容积，目前市面上大的小的都有上千种，不要听见别人说买个大的显得大气就"冒失"地作出决定。冰箱是买给自己用的，不是买给别人看的，所以，选择适合自己的才是最好的。一般三口之家，190～220升就足够用了。大容量的冰箱虽然从一时的视觉上会给足你面子，可是其占据巨大空间、莫大的耗电"胃口"会为你带来不少后顾之忧。除此之外，冰箱的外观、"保鲜室"等一些和生活紧密相关的设施也不能够忽略，购买时多

看、多问、多比，坚持"冻力、能耗、有效容积"为基准的三大选购要点，然后再结合自己的实际需求做出购买决策，买到称心如意的节能冰箱将不再是那样困难。

现在，消费者选购绿色冰箱已经成为了一种时尚，虽然其价格较普通产品高不少。所谓绿色电冰箱，就是不再将氟利昂作制冷剂的电冰箱。这样，就避免了氟利昂对地球大气臭氧层造成破坏。为此，在绿色电冰箱中，要选用不会破坏臭氧层的化学气体来代替氟利昂。最好的办法是另辟蹊径，干脆将制冷剂和压缩机、冷凝器、蒸发器等统统不要，应用半导体制冷器来制造电冰箱。

应用半导体制冷器的绿色电冰箱，不但彻底根治了氟利昂破坏臭氧层的源头，而且它还具有制冷快、体积小、没有机械和管道、无噪声、可靠性高等优点，能方便地实现制冷和制热，不仅极大地节约能源，而且非常有利于环保，有着十分广阔的发展前景。

随着产品及市场的日益成熟，消费者在选购电视时对能耗指标的关注也越来越重视，尤其是在平板电视越来越趋向于大屏幕的今天，能耗问题已经成为消费者挑选产品的一项重要指标。

能源紧张成为制约中国经济发展的一大突出问题。每到夏季用电高峰，许多城市都会拉闸限电，这给人们的生活造成很大的不便。与此同时，电力供应部门也由于生产成本的不断增加，多次向国家提议抬高电价，更使节能降耗与每个人息息相关，成为全社会关注的焦点。

随着平板电视的快速普及，电视能耗、环保问题日渐成为消费者关注的焦点，人们越来越关注安全、健康、节能的电视产品。低能耗的省电平板电视不仅省钱，更重要的是可以消除安全隐患。功耗低，散热就少，不仅可以减缓元器件的老化速度，延长产品使用寿命，也减少了众多安全隐患。

创维推出的"省电液晶"电视是基于 SPP（系统、屏体、电源）省电平台构建的，应用屏变技术、奇美 AGT 超节能液晶屏、省电电源和电路优化方案，实现了液晶电视从待机到系统工作全程省电，将整体功耗减低将近一半，节能达 46% 以上。康佳发布的"节能运动高清新品"也是主打省电牌，包括业内最节能的 i－sport80 系列。"节能运动高清电视"整合了奇美 AGT 超节能

节能电视

液晶屏、OPC 节能芯片、PMS 电源管理系统等三项核心节能技术，可以使整机能耗降低 52% 以上。TCL 推出的系列产品则引用了自然光技术，该技术是 TCL 特有的尖端显示技术，同时也是中国家电业第一次向国外输出自己的专利技术，加上低损耗电路设计，它最多能降低液晶电视能耗的 54%。海信推出超薄LED 背光液晶电视，在提升画质的同时也将能耗降低 30% 以上，最低可至 50 瓦，待机功耗更是小于 0.1 瓦，而且模具全部采用符合环保标准的材料制成，没有任何射线产生，也不含铅和汞等有毒有害物质。

伴随消费市场对平板电视产品环保、节能需求的呼声越来越高，未来平板电视技术发展将更加环保化、节能化。高耗能的平板电视将随着消费者节能观念的提高而逐渐被低耗能、环保材料的产品所取代。

空调节能也颇受人们的重视，空调节能是低碳生活的组成部分，它有几个小窍门。

1. 不要贪图空调的低温，温度设定适当即可。因为空调在制冷时，设定温度高 2℃，就可节电 20%。对于静坐或正在进行轻度劳动的人来说，室内可以接受的温度一般在 27℃ ~28℃之间。

2. 过滤网要常清洗。太多的灰尘会塞住网孔，使空调加倍费力，损失不必要的电能。

3. 改进房间的维护结构。对一些房间的门窗结构较差，缝隙较大的，可做一些应急性改善。如用胶水纸带封住窗缝，并在玻璃窗外贴一层透明的塑料薄膜、采用遮阳窗帘，室内墙壁贴木制板或塑料板，在墙外涂刷白色涂料等，以减少通过外墙带来的冷气损耗。

4. 选择制冷功率适中的空调。一台制冷功率不足的空调，不仅不能提供足够的制冷效果，而且由于长时间不断地运转，还会减短空调的使用寿命，

增加空调产生使用故障的可能性。另外，如果空调的制冷功率过大，就会使空调的恒温器过于频繁地开关，从而导致对空调压缩机的磨损加大；同时，也会造成空调耗电器的增加。

5. 空调制冷时，导风板的位置调置为水平方向，制冷的效果会更好。

6. 连接室内机和室外机的空调配管短且不弯曲，制冷效果好且不费电。即使不得已必须要弯曲的话，也要保持配管处于水平位置。

环保空调：环保空调又叫蒸发式空气调节机、水冷空调、冷风机等，是一种近年兴起的利用水蒸发制冷的商用通风设备。

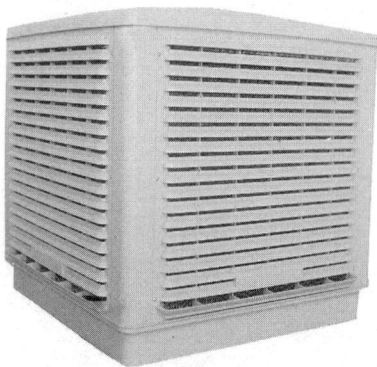

环保空调

环保空调的结构：环保空调是由表面积很大的特种纸质波纹蜂蜜窝状湿帘，高效节能风机，水循环系统，浮球进水阀补水装置，水泵，机壳及电器元件等组成。

环保空调的降温原理：水分蒸发时带走周围的热量，从而使空气的温度降低。

环保空调的工作原理：当风机运行时环保空调腔内产生负压、使机外空气通过吸水性很强的湿帘进入腔内，湿帘上的水在绝热状态下蒸发，带走大量潜热，净化、冷却增氧的冷气被风机送入车间，通过不断对流，从而使厂房和车间达到制冷的效果。

通过风机抽风，机内产生负压，空气穿过湿帘，同时水泵把水输送到湿帘上的布水管，水均匀地湿润整个湿帘的接触面，而且湿帘的特殊角度使水流向空气进风的一侧，吸收空气中大量的热量，使通过湿帘的空气降温，同时得到过滤使送出的风变得凉爽、湿润且清新。而未蒸发的水落回底盘，形成水路循环。底盘上设有水位感应器，当水位降落到设定水位时，自动打开进水阀补充水源，当水位达到预定高度时则将自动关闭进水阀。

环保空调的主要特点：

1. 投资少，效能大；

2. 正压式送风，开敞式使用，保护环境；

3. 能将室内浑浊、闷热及有异味的空气替换排出室外；

4. 耗电量少，每台用电量在 0.5～0.8 度/小时，无压缩机；

5. 每台环保空调送风量：8000～30000 立方米/小时；

6. 每台冷风覆盖面积达 60～300 平方米；

7. 降温介质为湿帘；

8. 价格便宜，一般只占中央空调投资成本的 50%，耗电量也有中央空调的 1/8。

 知识点

臭氧层

臭氧层是指大气层的平流层中臭氧浓度相对较高的部分，大多分布在离地 20～50 千米的高空，其主要作用是吸收短波紫外线，保护人们免受紫外线的伤害。大气层的臭氧主要以紫外线打击双原子的氧气，把它分为两个原子，然后每个原子和没有分裂的氧合并成臭氧。臭氧分子不稳定，紫外线照射之后又分为氧气分子和氧原子，形成一个继续的过程臭氧氧气循环，如此产生臭氧层。

受人类活动的影响，臭氧层正在遭受破坏，南极上空已经出现了大面积的臭氧洞。这对人类的健康极为不利，世界各国已经在采取补救措施。

■■ 营造低碳的办公环境

办公室是上班族们耗费时间最久的活动场所，办公室内多注意一些节能细节，不仅有利于节能，而其对减少办公室垃圾污染，保护环境有非常大的好处，也是低碳生活的部分。

首先，选择合适的电脑配置。例如，显示器的选择要适当，因为显示器越大，消耗的能源越多。一台 17 英寸的显示器比 14 英寸显示器耗能多 35%。

办公电脑屏保画面要简单，及时关闭显示器。

屏幕保护越简单的越好，最好是不设置屏幕保护，运行庞大复杂的屏幕保护可能会比你正常运行时更加耗电。可以把屏幕保护设为"无"，然后在电源使用方案里面设置关闭显示器的时间，直接关显示器比起任何屏幕保护都要省电。

要看 DVD 或者 VCD，不要使用内置的光驱和软驱，可以先复制到硬盘上面来播放，因为光驱的高速转动将耗费大量的电能。

办公室的节能环保

对于暂时不用的接口和设备如串口、并口和红外线接口、无线网卡等，可以在 BIOS 或者设备管理器里面禁用它们，从而降低负荷，节约能源。

关机之后，要将插头拔出，否则电脑会有约4.8 瓦的能耗。

对机器要经常保养，注意防尘防潮。机器集尘过多将影响散热效率，显示器集尘将影响亮度。定期除尘，卫生环保。

将打印机联网，办公室内共用一部打印机，可以减少设备闲置，提高效率，节约能源。

在打印非正式文稿时，可将标准打印模式改为草稿打印机模式。具体做法是在执行打印前先打开打印机的"属性"对话框，单击"打印首选项"，其下就有一个"模式选择"窗口，在这里我们可以打开"草稿模式"（有些打印机也称之为"省墨模式"或"经济模式"），这样打印机就会以省墨模式打印。这种方法省墨30% 以上，同时可提高打印速度，节约电能。打印出来的文稿用于日常的校对或传阅绰绰有余。避免了纸张的浪费，保护了环境。

下班时或长时间不用，应关闭打印机及其服务器的电源，减少能耗，同时将插头拔出。据估计，仅此一项，全国一年可减少二氧化碳排放量1474 万吨。

要根据不同需要，所有文件尽量使用小字号字体，可省纸省电。

复印、打印纸用双面，单面使用后的复印纸，可再利用空白面影印或裁剪为便条纸或草稿纸。

设纸张回收箱，把可以再利用的纸张按大小不同分类放置，能用的一面朝同一方向，方便别人取用。注意复写纸、蜡纸、塑料等不要混入，还要注意不要混入订书钉等金属。

多使用再生纸。公文用纸、名片、印刷物，尽可能使用再生纸，以减少环境污染。

员工尽量使用自己的水杯，纸杯是给来客准备的。开会时，请本单位的与会人员自带水杯。

多用手帕擦汗、擦手，可减少卫生纸、面纸的浪费。尽量使用抹布。使用可更换笔芯的原子笔、钢笔替换一次性书写笔。

少用木杆铅笔，多用自动铅笔。一些发达国家已经把制造木杆铅笔视为"夕阳工业"，开始只生产自动铅笔。

多使用回形针、订书钉，少用含苯的溶剂产品，如胶水、修正液等。

尽量使用电子邮件代替纸类公文。倡导使用电子贺卡，减少部门间纸质贺卡的使用。如果全国机关、学校等都采用电子办公，每年可减少纸张消耗在 100 万吨以上，节省造纸消耗的 100 多万吨标准煤，同时减少森林消耗。

公文袋可以多次重复使用，各部门应将可重复使用的公文袋回收再利用。

▮▮▮ 高效环保的绿色照明

绿色照明是指通过提高照明电器和系统的效率，减少发电排放的大气污染物和温室气体，改善生活质量，提高工作效率。

绿色照明是美国国家环保局于 20 世纪 90 年代初提出的概念。完整的绿色照明内涵包括高效节能、环保、安全、舒适等 4 项指标，不可或缺。高效节能意味着以消耗较少的电能获得足够的照明，从而明显减少电厂大气污染物的排放，达到环保的目的。安全、舒适指的是光照清晰、柔和及不产生紫外

线、眩光等有害光照，不产生光污染。

推广绿色照明工程就是逐步普及绿色高效照明灯具，以替代传统的低效照明光源。目前在我国，绿色照明的普及率还很低。

绿色照明是一个系统工程，必须全面理解其含义。从绿色照明的宗旨可看出，它涉及照明领域的各方面问题，内容广泛而全面，内涵深刻。鉴于在理解和实施中存在一些片面性，至少应注重以下几个问题，才能完整地理解绿色照明。

绿色照明

（一）从保护环境的高度理解绿色照明

照明节能是中心课题，但不仅要注重节能本身的意义，更要提高到降低能耗而减少发电导致的有害气体的排放；此外，降低制灯的有害物质量（如汞、荧光粉等）及建立灯管的回收制度，降低灯具、电器附件的耗材量等，都直接或间接关系到保护环境。

（二）在提高照明质量的条件下实施节能

绿色照明不是过去单纯的节能，而是在建立优质高效的照明环境基础上，去实施节约能源，这和我国当前提出的全面建设小康社会的目标是统一的。那种不顾及照明质量，降低照明标准的方法，片面追求节能，是不妥当的。

（三）绿色照明远不只是推广应用某一种节能光源

研究生产和推广应用优质高效的照明器材，是实施绿色照明的重要因素，而光源又是其中的第一要素。但高效光源有多种类型，如直管荧光灯、紧凑型荧光灯，以及高强度气体（HID），其特点不同，应用场所也不同，都应给予重视；除光源外，还有灯具和与光源配套的电器附件（镇流器等），对提高照明系统效率和照明质量都有重要意义。

（四）重视照明工程设计和运行维护管理

优质高效照明器材，是重要的物质基础，但是应同样重视照明工程设计，精心制定总体方案，设计合理的照度，确定合适的照明方式，正确选用适应的光源、灯具，合理布置，保证照明质量等。如果设计不好，优质的照明器材也不能发挥最有效的作用，也就不能很好地实施绿色照明。此外，在运行使用中，还要有科学、合理的维护与管理，才能达到设计的预期目标。

节能灯是一种高效节能照明器材，又称为省电灯泡、电子灯泡、紧凑型荧光灯及一体式荧光灯，是指将荧光灯与镇流器（安定器）组合成一个整体的照明设备。节能灯的尺寸与白炽灯相近，与灯座的接口也和白炽灯相同，所以可以直接替换白炽灯。节能灯的光效比白炽灯高得多，同样照明条件下，前者所消耗的电能要少得多，所以被称为节能灯。

节能灯

经过将近 20 年的不断摸索和发展，我国的节能灯产品已经有了很大的进步与提高，很多产品已经接近或达到国外的先进水平，由于质优价低，国际市场上的竞争力也非常强。但是市场上还是存在很大部分的节能灯厂商，根本不顾国家的法律、法规，不顾消费者的利益，仍在大量生产不叫"节能灯"的节能灯，由于它的质次价低，每只出厂价仅售 4～5 元左右，消费者对产品的识别有限，在农村及大部分城市还有很大一部分的市场。由于市场上占大部分的市场由低档产品占据着，使得好的节能灯产品比较难进入市场，这给绿色照明推广带来了一定的难度。但随着居民消费意识的提高以及对节能灯产品的认识，质量好的节能灯产品的市场在一天天地扩大，质量差的节能灯市场一天天地萎缩，这同时又给我们带来了希望与机遇。由于节能灯的品质迅速提高，国家已经把它作为重点发展节能产品（绿色照明产品）推广和使用。

紫外线和健康

紫外线是电磁波谱中波长从 4～400nm 辐射的总称，不能引起人们的视觉。根据波长，紫外线可分为短波、中波和长波紫外线。短波紫外线波长 200～280nm，在经过地球表面同温层时被臭氧层吸收。中波紫外线波长 280～320nm，极大部分被皮肤表皮所吸收，不能再渗入皮肤内部。但由于其阶能较高，对皮肤可产生强烈的光损伤，被照射部位真皮血管扩张，皮肤可出现红肿、水泡等症状。长久照射皮肤会出现红斑、炎症、皮肤老化，严重者可引起皮肤癌。

长波紫外线波长 320～400nm，对衣物和人体皮肤的穿透性远比中波紫外线要强，可达到真皮深处，并可对表皮部位的黑色素起作用，从而引起皮肤黑色素沉着，使皮肤变黑，因而长波紫外线也被称做"晒黑段"。

节能型住宅和绿色建筑

节能环保建筑是指在建筑物的规划、设计、新建（改建、扩建）、改造和使用过程中，执行节能标准，采用节能型的技术、工艺、设备、材料和产品，提高保温隔热性能和采暖供热、空调制冷制热系统效率，加强建筑物用能系统的运行管理，利用可再生能源，在保证室内热环境质量的前提下，减少供热、空调制冷制热、照明、热水供应的能耗。

我国是一个发展中大国，又是一个建筑大国，每年新建房屋面积高达 17 亿～18 亿平方

节能环保建筑

米，超过所有发达国家每年建成建筑面积的总和。随着全面建设小康社会的逐步推进，建设事业迅猛发展，建筑能耗迅速增长。所谓建筑能耗指建筑使用能耗，包括采暖、空调、热水供应、照明、炊事、家用电器、电梯等方面的能耗。其中采暖、空调能耗约占60%～70%。我国目前既有的近400亿平方米建筑，仅有1%为节能建筑，其余无论从建筑围护结构还是采暖空调系统来衡量，均属于高耗能建筑。单位面积采暖所耗能源相当于纬度相近的发达国家的2～3倍。这是由于我国的建筑围护结构保温隔热性能差，采暖用能的2/3白白跑掉。而每年的新建建筑中真正称得上"节能建筑"的还不足1亿平方米，建筑耗能总量在我国能源消费总量中的份额已超过27%，逐渐接近三成。

我们必须清醒地认识到，我国是一个发展中国家，人口众多，人均能源资源相对匮乏。人均耕地只有世界人均耕地的1/3，水资源只有世界人均占有量的1/4，已探明的煤炭储量只占世界储量的11%，原油占2.4%。每年新建建筑使用的实心黏土砖，就毁掉良田12万亩。物耗水平相较发达国家，钢材高出10%～25%，每立方米混凝土多用水泥80千克，污水回用率仅为25%，国民经济要实现可持续发展，推行节能环保建筑势在必行、迫在眉睫。

我国是人口多、资源贫乏的国家，煤炭只有世界人均水平的1/2，原油只有1/7，天然气只有1/10，水只有1/4。建筑能耗（包括建材生产、建筑施工和建筑使用能耗）是建筑、制造、交通三大能耗之首，占全社会总能耗的近1/2，实行建筑节能，降低建筑能耗，减少环境污染，已刻不容缓。

开展建筑节能是国家实施节能战略的重要方面。必须在住宅外墙保温、门窗设计、屋顶保温这三方面下大工夫，努力达到节能住宅的设计标准。

节能型住宅讲的主要是节

高能耗的建筑

约能源，节约有相对的几个条件：1. 主要指节约一次性能源，就是不可再生的，比如石油、天然气、木材、煤；2. 节能住宅分最基本的节能手段和为了达到高适度采用的降低房屋能耗的节能手段和系统。

　　节能型住宅分初级的和高级的。初级的采用一些单一的节能手段，简单地运用节能技术达到基本的节能效果，比如保温材料节能，在北方主要体现在冬季，降低采暖的能耗；南方主要是降低夏天的制冷的能耗，情况有所不同。但都是采取单向的技术，使能耗、烧

高级节能住宅

电、烧煤能够降低下来，舒适度达不到太高的要求。而现在国内高水平的节能型住宅，它的恒温、恒湿，不是靠风，而是靠楼板辐射制热、制冷，这一类称之为高级节能住宅。

　　传统意义上的砖混建筑的外墙，保温性能差。节能型住宅一般采用外墙复合保温，有 3 种不同的保温形式相互合理套用。例如外墙夹心保温，它是将保温材料置于同一外墙的内外侧墙片之间，夹心保温采用 4 厘米厚的苯板。建筑保温就好像是给大楼穿上"棉衣"，夹心层就是大楼所穿"棉衣"里的"棉花"。四面外墙都做保温处理，这样将避免住宅的外墙热损失、门窗热损失、屋顶热损失等，居住建筑节能效率可由 50% 提高至 65%。这不但可以增强冬季保暖效果，也可以减少夏季空调用电，减少使用成本，春秋季节的居住舒适度也会相应提高。但是这方面专业性较强，所以消费者在购房时要仔细阅读资料或向开发商询问，一定要弄清住宅有关外保温方面的构造以及节能效果。

　　不仅如此，节能建筑还涉及门窗的气密性、水密性和抗风压性能、分户墙和楼地面的保温性能，同时建筑的朝向是否采用南北方向设置、建筑群是否摒弃周边式布局、楼间距是否得到保证、建筑物体形系数是否超过了节能设计标准、是否尽量减少使用大窗户、阳台的底部是否经过特殊处理以及外

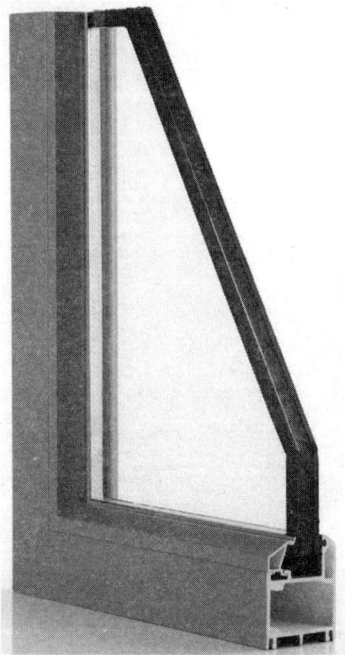

保温材料

墙的颜色选择等方面都将直接或间接地影响建筑物的节能效果。因此，节能是一个宽泛的概念，节能涉及的内容也很广泛，建筑物的这件"棉衣"技术含量不低。

除了房屋的"外衣"节能之外，内部环境的节能也是必不可少的，从房屋地板的选材到墙面的色调以及各种电路的设计，采暖、通风方式的选择等，都会对节能有所影响。另外房间动静分区明确、功能空间齐全、组织紧凑合理也对节能有所影响。比如把卫生间贴近卧室、将厨房与餐厅联系紧密、让生活阳台与居室结合、厨房与服务阳台相通、主卧室设专用卫生间等，有的房型还设置进入式贮藏室，比较注重实用性。其次，各功能空间的面积配置和尺度掌握要与套型面积标准相协调。房型设计上，面宽和进深的尺度都要恰当，适宜家具布置和人居功能。最后，要看平面组织、门窗的位置，能够充分考虑到通风和日照的效果。良好的通风设计可迅速稀释空气中的有害物，充足的日照具有清洁杀菌能力，可改善室内环境质量，并可节约能源。近几年，板式住宅套型之所以受到欢迎，正是由于它具有创造了室内生态环境的优势。

开发绿色建筑

绿色建筑是指在建筑的全寿命周期内，最大限度地节约资源（节能、节地、节水、节材），保护环境和减少污染，为

板式住宅

人们提供健康、适用和高效的使用空间，与自然和谐共生的建筑。

所谓"绿色建筑"的"绿色"，并不是指一般意义的立体绿化、屋顶花园，而是代表一种概念或象征，指建筑对环境无害，能充分利用环境自然资源，并且在不破坏环境基本生态平衡条件下建造的一种建筑，又可称为可持续发展建筑、生态建筑、回归大自然建筑、节能环保建筑等。

绿色建筑的室内布局十分合理，尽量减少使用合成材料，充分利用阳光，节省能源，为居住者创造一种接近自然的感觉。

以人、建筑和自然环境的协调发展为目标，在利用天然条件和人工手段创造良好、健康的居住环境的同时，尽可能地控制和减少对自然环境的使

绿色建筑

用和破坏，充分体现向大自然的索取和回报之间的平衡。

绿色建筑的基本内涵可归纳为：减轻建筑对环境的负荷，即节约能源及资源；提供安全、健康、舒适性良好的生活空间；与自然环境亲和，做到人及建筑与环境的和谐共处、永续发展。绿色建筑设计理念包括以下几个方面：

节能能源：充分利用太阳能，采用节能的建筑围护结构以及采暖和空调，减少采暖和空调的使用。根据自然通风的原理设置风冷系统，使建筑能够有效地利用夏季的主导风向。建筑采用适应当地气候条件的平面形式及总体布局。

节约资源：在建筑设计、建造和建筑材料的选择中，均考虑资源的合理使用和处置。要减少资源的使用，力求使资源可再生利用。节约水资源，包括绿化用水的节约。

回归自然：绿色建筑外部要强调与周边环境相融合，和谐一致、动静互补，做到保护自然生态环境。

舒适和健康的生活环境：建筑内部不使用对人体有害的建筑材料和装修

材料。室内空气清新，温度、湿度适当，使居住者感觉良好，身心健康。

绿色建筑的建造特点包括：对建筑的地理条件有明确的要求，土壤中不存在有毒、有害物质，地温适宜，地下水纯净，地磁适中。

绿色建筑应尽量采用天然材料。建筑中采用的木材、树皮、竹材、石块、石灰、油漆等，要经过检验处理，确保对人体无害。

绿色建筑还要根据地理条件，设置太阳能采暖、热水、发电及风力发电装置，以充分利用环境提供的天然可再生能源。

未来世界九大绿色建筑

在未来社会，人类的发展必须建立在生态和环境允许的基础上。科学家预计，在未来会有 9 大绿色建筑引起世人的重视。

1. 阿布扎比垂直海水农场

沙漠城市阿布扎比总人口超过 80 万，依靠 5 个巨型脱盐工厂获取淡水，新鲜水果和蔬菜则依赖进口。意大利建筑设计事务所 STUDIO MOBILE 表示，所有这些均可以通过其设计的垂直海水农场加以解决。

在这项宏伟的建筑项目中，5 个"茧状温室"将被安装在中间的一根柱子上。在每一个"茧"内，海水将被转换成水蒸气，起到为温室冷却和加湿的作用，除此之外，海水还可以通过被蒸馏方式产生淡水。虽然海水温室的创意已在几个小规模试验项目中进行测试，但 STUDIO MOBILE 的提议却让这一想法得到戏剧化升级，即朝着超大规模道路迈进。

2. 海水温室：让撒哈拉沙漠变成绿洲

"探索"建筑事务所（Exploration Architecture）也非常喜欢海水温室这个设想，但这一想法的"野心"还不足够大，没有让"探索"产生浓厚兴趣。为此，这家建筑事务所提出了一项更引人注目的提议，在世界上最大的沙漠——撒哈拉沙漠建造一个太阳能发电站并与一个海水温室"协同"作战。这种"双管齐下"不仅可以提供清洁能源，同时也可以起到灌溉作用。

"撒哈拉森林"项目可以在低海拔的沿海区付诸实施，在这一地区，利用管道运送海水并不是一件难事。所获得的海水用于海水温室以及一项聚焦太阳能作业——通过折射将阳光聚焦到装满水的锅炉上，进而推动蒸汽动力涡

轮。蒸馏产生的废水将被用于灌溉周边地区，让沙漠重新成为一个到处是郁郁葱葱的棕榈树的绿洲。

3. 迪拜金字塔之城

人类将继续在这颗星球的表面扩张下去，在此过程中，森林和山脉将面临被夷为平地的威胁。但阿拉伯联合酋长国可持续设计公司 Timelinks 指出，我们并不一定要环境遭受如此厄运。据悉，Timelinks 为迪拜设计的古巴比伦式金字塔之城——Ziggurat，能够让人类、自然与现代技术完美地融合在一个建筑内。

Ziggurat 底座占地面积大约为 1 平方英里（约合 2.5 平方千米）。Timelinks 表示，这座金字塔之城最多可容纳 100 万人。在 Ziggurat，居民可利用一个公共交通系统从住处前往公司，即部分使用电梯、部分使用有轨电车。清洁能源的获得将通过各种各样的方式，其中包括利用下水道污水穿过管道产生的动能的发电机。如果厌倦了 Ziggurat 的生活，居民还可以走出这座金字塔之城上演冒险之旅，探索周围未被破坏的生态系统。

4. 韩国绿色"能量中心"

自步入新千年以来，韩国政府便采取了一项高明的规划策略。根据规划，容纳大量住宅群和办公室的所谓"能量中心"将建在令人垂涎的理想区域，同时鼓励在其周边建设新的城市。为了在距离首尔 20 英里（约合 32 千米）处打造一座全新的城市，荷兰建筑师事务所 MVRDV 提出了建造一个小山般建筑群的想法。这个建筑群将与周围的湖泊和森林融为一体，体现人与大自然的一种和谐。

这座新城就是"Gwanggyo 能源中心"，其最大特征就是梯田状的建筑，每一层的外侧建有花园，让所有居民都可获得一个室外活动空间，种植自己喜欢的花草。此外，花园这种设计也为这座自给自足的新城披上了一件绿衣。

5. 保加利亚黑海花园

在建筑大师诺曼·福斯特（Norman Foster）及其合伙人提出的另一个想法中，5 座连成串的山顶小镇将装点保加利亚的海岸线，吸引世界各地的游客到此度假。福斯特等人提出的设想名为"黑海花园"。游客可以从高速路上驾车而来，抵达后将爱车停在村口处的地下停车场。在此之后，他们可以搭乘电动豪华巴士、共用自行车或者徒步游览美丽的自然风光。

据悉，这些山顶小镇街道狭窄，人行道两旁绿树成荫，花草茂盛。游客下榻的客房位于山坡，屋外建有阳台，可以享受充足的阳光。海岸的边缘建有码头，除了充当连接广阔海洋的纽带外，码头也是一个不错的聚会场所。

6. 深圳摩天塔

美国加利福尼亚州建筑师崔悦君（Eugene Tsui）曾提出为奥克兰修建一座 2000 英尺（约合 610 米）高的摩天塔的想法。但对于这一具有"野心"的想法，官员们却表现得有些畏缩，在他们看来，周围的一切将会因为高塔的出现成为"侏儒"。在此之后，崔悦君决定将实施摩天塔建造计划的地点从美国搬到中国，并最终敲定中国南部生机勃勃的港口城市——深圳。

摩天塔将建在一座人工岛上，周围被用于过滤污水的红树林沼泽环绕，顶端将安装巨大的风车。摩天塔能够为周围地区提供清洁能源，顶层将建有餐馆和瞭望甲板。崔悦君说，中国官员此前未能考虑到深圳的快速发展所要付出的环境代价，摩天塔将成为深圳谋求更理想未来的一个生态学符号。

7. 变石油钻井为度假胜地

在一些被抛弃的建筑正祈求改头换面时，我们为何还要不惜投入大量人力财力物力打造一个新的旅游景点呢？目前，莫里斯建筑事务所正将目光投向距墨西哥湾海岸几英里处一个废弃的石油钻井平台，希望将它打造成一个度假胜地。

建筑师表示，这一富有创造性的想法巧妙地体现了我们对化石燃料的一种厌恶，同时为潜泳、钓鱼和航海提供了一个酷劲十足的场所。风能和波浪能将负责为这个度假胜地提供电力，客房的设计则从藤壶身上获得灵感，依附在船只一侧，并且拥有在遇到恶劣天气时可以收回的阳台。

8. 漂浮的城市

Lilypad 项目可能是人类历史上最复杂、思想最超前的绿色设计项目了。它被建设成为一个完全自给自足的城市，可漂流在大洋中，是援救天灾而导致海平面升高使得人们流离失所的解决方案。通过结合热能、潮汐能、太阳能和风能等多种技术为自己制造能量。而且容量很大，可容纳约 5 万人正常

生活。这种三维的大厦设计还创造了小山和河谷，以及休闲、商贸和住宅区，从而创造一个有机的复杂体，还真像人们安度一生的好地方。

9. 莫斯科水晶岛

福斯特建筑事务所的水晶岛（Crystal Island）项目日前刚刚从莫斯科当局获得初步设计许可，将在离克林姆林只有 4 英里半的纳加蒂诺半岛上建造。水晶岛高 1500 英尺（约合 457 米），是一座实现自给自足的城市，占地面积 0.96 平方英里，是美国国防部所在地五角大楼的 4 倍，将拥有多种用途。这座巨型建筑物有 900 套公寓，可供 3 万人居住，同时还拥有 3000 个酒店房间，设有电影院、剧院、购物中心、健身中心和容纳 500 名学生的国际学校。从 980 英尺（约合 300 米）高的观景平台俯瞰，游客可以看到莫斯科大街小巷。建成后，莫斯科水晶岛将拥有世界上最大的中庭之一，这个中庭将在夏季开放，届时可以调节大楼内 500 英尺高处公共空间的温度。

知识点

地磁和健康

地磁又称"地球磁场"或"地磁场"。指地球周围空间分布的磁场。地球磁场近似于一个位于地球中心的磁偶极子的磁场。它的磁南极大致指向地理北极附近，磁北极大致指向地理南极附近。地表各处地磁场的方向和强度都因地而异。赤道附近磁场最小，两极最强。其磁力线分布特点是赤道附近磁场的方向是水平的，两极附近则与地表垂直。地球表面的磁场受到各种因素的影响而随时间发生变化。地磁的南北极与地理上的南北极相反。

医学研究发现，地磁和人体健康紧密相关，它可以促进细胞代谢，平衡内分泌系统，促进血液循环，改善微循环状态，促进炎症消退，消除炎症肿胀和疼痛，消除失眠和神经紧张等重要作用。

回归大自然的绿色旅游

生态旅游（Ecotourism）是由国际自然保护联盟（IUCN）特别顾问谢贝洛斯·拉斯喀瑞（Ceballas Lascurain）于1983年首次提出。当时就生态旅游给出了两个要点，其一是生态旅游的物件是自然景物；其二是生态旅游的物件不应受到损害。在全球人类面临生存的环境危机的背景下，随着人们环境意识的觉醒，绿色运动及绿色消费席卷全球，生态旅游作为绿色旅游消费，一经提出便在全球引起巨大反响，生态旅游的概念迅速普及全球，其内涵也得到了不断的充实。

针对目前生存环境不断恶化的状况，旅游业从生态旅游要点之一出发，将生态旅游定义为"回归大自然旅游"和"绿色旅游"；针对现在旅游业发展中出现的种种环境问题，旅游业从生态旅游要点之二出发，将生态旅游定义为"保护旅游"和"可持续发展旅游"。同时，世界各国根据各自的国情，开展生态旅游，形成各具特色的生态旅游。

传统旅游所表现出的问题促使人们对其进行进一步的思考，是坚持还是摒弃？十几年来，生态旅游的发展无疑是成功的，平均年增长率为20%，是旅游产品中增长最快的部分。但到目前为止，生态旅游尚无明确定义，但是人们的看法是相当一致的：一是生态旅游首先要保护旅游资源，生态旅游是一种可持续的旅游；二是在生态旅游过程中身心得以解脱，并促进生态意识的提高。

与传统旅游相比，生态旅游的特征有：

（一）生态旅游的目的地是一些保护完整的自然和文化生态系统，参与者能够获得与众不同的经历，这种经历具有原始性、独特性的特点。

（二）生态旅游强调旅游规模的小型化，限定在承受能力范围之内，这样有利于游人的观光质量，又不会对旅游造成大的破坏。

（三）生态旅游可以让旅游者亲自参与其中，在实际体验中领会生态旅游的奥秘，从而更加热爱自然，这也有利于自然与文化资源的保护。

（四）生态旅游是一种负责任的旅游，这些责任包括对旅游资源的保护责任，对旅游的可持续发展的责任等。由于生态旅游自身的这些特征能满足旅

游需求和旅游供给的需要，从而使生态旅游兴起成为可能。

在生态旅游发展的过程中，各个国家和地区都采取了一系列行之有效的措施，主要做法有：

（一）立法保护生态环境。例如 1916 年，美国通过了关于成立国家公园管理局的法案，将国家公园的管理纳入了法制化的轨道。在英国，1993 年就通过了新的《国家公园保护法》，旨在加强对自然景观、生态环境的保护。自 1992 年里约会议以后，日本就制定了《环境基本法》。1923 年芬兰颁布了《自然保护法》。

（二）制定发展计划和战略。美国在 1994 年就制定了生态旅游发展规划，以适应游客对生态旅游日益增长的需求。澳大利亚斥资 1000 万澳元，实施国家生态发展战略。墨西哥政府制定了"旅游面向 21 世纪规划"，生态旅游是该规划的重点推介项目。肯尼亚政府就制定了许多重要的国家发展策略，其中特别将生态旅游视为重点项目。

（三）进行旅游环保宣传。在发展生态旅游的过程中，很多国家都提出了不同的口号和倡议，例如英国发起了"绿色旅游业"运动，日本旅游业协会召开多次旨在保护生态的研讨会，并发表了"游客保护地球宣言"。

（四）重视当地人利益。生态旅游发展较早的国家肯尼亚，在生态旅游发展的过程就提出了"野生动物发展与利益分享计划"。菲律宾通过改变传统的捕鱼方式，不仅发展了生态旅游业，同时也为当地人提供了替代型的收入来源。

（五）多种技术手段加强管理。在进行生态旅游开发的许多国家都通过对进入生态旅游区的游客量进行严格的控制，并不断监测人类行为对自然生态的影响，利用专业技术对废弃物做最小化处理，对水资源节约利用等等手段以达到加强生态旅游区管理的目的。澳大利亚联合旅游部、澳大利亚旅游协会等机构还出台了一系列有关生态旅游的指导手册。此外，很多国家都实行经营管理的分离制度，实施许可证制度以加强管理。

注重环保的农药与肥料

绿色农药

我们把对人类健康安全无害、对环境友好、超低用量、高选择性，以及通过绿色工艺流程生产出来的农药通俗地称作"绿色农药"。

农药是用来影响和调控有害生物生长发育或繁殖的特殊功能分子。据统计，每年全世界有 10 亿吨左右的庄稼毁灭于病虫害，由于病虫害造成的庄稼减产幅度达 20%～30%。因此，农药自发明以来就在农业发展史中扮演重要角色。直到今天，农药的作用仍然不可替代。

中国是世界上最大的农药产品生产国，农药使用面积也居世界前列。中国农药产品面临的突出问题是产量大但产值很低，这主要是技术含量太低造成的。同时，大量高毒农药的使用造成的问题也不断暴露：1. 消费者对农药毒性、农药残留的关注度越来越高，即对食品安全的担忧；2. 对农药造成环境污染的关注度越来越高，即对环境安全的担忧；3. 由于农药残留过高致使我国农产品出口也遇到不少壁垒和障碍，并已经造成了巨大经济损失。有关调查表明，目前欧盟禁止使用的农药中涉及中国的有 70 多种，因农药残留超标对我国农产品出口所造成的经济损失已达 70 多亿美元。

近些年来，我国使用在对农作物、蔬菜、果树、花卉等病虫害防治上的农药中，化学农药占 90% 以上。由于长期滥用大量的化学农药，不仅造成了环境污染，而且严重地危害着人体健康，因此，这一问题已引起人们普遍的关注。现在，许多国家都在积极探索新的灭虫途径和研制新型杀虫药剂。当前，随着绿色食品的兴起，人们对无公害"绿色农药"的要求也越来越迫切了。

1992 年，世界环境与发展大会的决议指出：2000 年要在全球范围内建立控制化学农药销售与使用机制，生物农药生产量要达到 60%。我国是一个农业大国，农作物病虫害十分严重，每年损失粮食约 150 亿千克，棉花约 600亿～700 亿担（1 担＝50 千克），因此，为了农业的持续发展，大力开发、利

用生物农药是当务之急。

实际上，在20世纪30年代化学合成农药问世之前，一些从植物（如除虫菊）中提取出来的活性成分已经作为杀虫剂应用了。1959年出版的《中国土农药》一书，收集了可用来制作农药的植物403种，它们能有效地杀死约180种害虫，对防治10余种病害有效。近些年来，我国对植物源杀虫剂的研制工作又取得新进展，例如中科院植物研究所的科研人员，从几十种治虫植物中筛选出10余种杀虫活性物质，研制出了"0.25%莨菪烷碱乳剂"，它对蚜虫、菜青虫、棉铃虫、黄刺蛾等多种害虫具有较强的杀伤力，其虫口减退率已达90%以上。河北农业技术师院开发的植物源杀虫剂"蚜螨杀"，其杀虫率可达98%以上，这都是十分理想的"绿色农药"。

我国植物资源十分丰富，在近3万种高等植物中，近1000种植物含有杀虫活性物质。这些天然杀虫剂，有的是一种化合物，有的是几种不同的化合物，例如除虫菊花中含的杀虫剂主要是除虫菊酯，烟草中是烟碱，夹竹桃叶片和树皮内是夹竹桃苷，蓖麻叶中是生物碱和蓖麻毒素，银杏外种皮内含的是双黄酮、氢化白果酸、银杏醇、银杏酚等，这些杀虫活性物质对害虫有胃毒、触杀、熏蒸、拒食或杀卵等作用。另外，从喜树中提出的喜树碱是一种有效的害虫不育剂，从大侧柏中提取制成的酸酰胺是一种新型驱避剂。还有200多种植物含有昆虫激素（如保幼激素和蜕皮激素），这也是研制开发"绿色农药"的重要原料。

科研人员从对治虫植物印度楝的化学分析了解到，它所含的杀虫活性物质主要是印度楝子素、苦楝三醇、印楝素等物质，其中印度楝子素是最活跃的杀虫成分。研究发现，印度楝子素能抑制害虫的生长繁殖，破坏害虫的内分泌系统，使其不能完成变态过程；苦楝三醇主要起驱避害虫的作用；而印楝素是起抗病毒的作用。印度楝所含的这些杀虫物质不仅可以自然分解、没有残毒和公害，而且也不会因害虫建立起基因抗性而丧失其功能。据报道，从印度楝枝叶和种子中提取出来的杀虫活性物质，既可消灭200多种有害昆虫，又可杀死一些螨虫、细菌、真菌、病毒等。因此，人们把它称之为杀虫治病的"能手"。

有机肥料

从目前开发利用的植物源杀虫剂来看，它们均具有高效低毒、无公害、能与环境相容、作用机理独特、开发费用低廉等特点，同时也表现出了明显的生态环境效益、经济社会效益。因此，充分利用我国丰富的治虫植物资源，积极研制开发"绿色农药"是大有可为的。

近来农业用肥倡导"施有机肥料，保养分平衡，保农业品安全"。随着绿色食品的生产需要，由于化肥的公害性，对健康的危害，而被绿色食品生产拒绝，转向需求无公害的生态肥料。目前的有机肥料有生物有机肥，生物有机肥是有机固体废物（包括有机垃圾、秸秆、畜禽粪便、饼粕、农副产品和食品加工产生的固体废物）经微生物发

有机肥料

酵、除臭和完全腐熟后加工而成的有机肥料，不仅无毒无害，而且能帮助改善土壤的环境。

生物有机肥的优点

生物有机肥与化肥相比在节能环保上有诸多优点：

（1）生物有机肥营养元素齐全；化肥营养元素只有 1 种或几种。

（2）生物有机肥能够改良土壤；化肥经常使用会造成土壤板结。

（3）生物有机肥能提高产品品质；化肥施用过多导致产品品质低劣。

（4）生物有机肥能改善作物根际微生物群，提高植物的抗病虫能力；化肥则使作物微生物群体单一，易发生病虫害。

（5）生物有机肥能促进化肥的利用，提高化肥利用率；化肥单独使用易造成养分的固定和流失。

精制有机肥是畜禽粪便经过烘干、粉碎后包装出售的商品有机肥。生物

有机肥与精制有机肥相比的优点：

（1）生物有机肥完全腐熟，不烧根，不烂苗；精制有机肥未经腐熟，直接使用后在土壤里腐熟，会引起烧苗现象。

（2）生物有机肥经高温腐熟，杀死了大部分病原菌和虫卵，减少病虫害发生；精制有机肥未经腐熟，在土壤中腐熟时会引来地下害虫。

（3）生物有机肥中添加了有益菌，由于菌群的占位效应，减少病害发生；精制有机肥由于高温烘干，杀死了里面的全部微生物。

（4）生物有机肥养分含量高；精制有机肥由于高温处理，造成了养分损失。

（5）生物有机肥经除臭，气味轻，几乎无臭；精制有机肥未经除臭，返潮即出现恶臭。

知识点

农药残留

农药残留问题是随着农药大量生产和广泛使用而产生的。施用于作物上的农药，其中一部分附着于作物上，一部分散落在土壤、大气和水等环境中，环境残存的农药中的一部分又会被植物吸收。残留农药直接通过植物果实或水、大气到达人、畜体内，或通过环境、食物链最终传递给人、畜，严重影响人类的健康。

目前，世界上大多数国家都对农药残留作了限量规定。世界卫生组织和联合国粮农组织对农药残留限量的定义为，按照良好的农业生产规范，直接或间接使用农药后，在食品和饲料中形成的农药残留物的最大浓度。一般来说，叶菜的农药残留比较高，需要人们在选购和烹调的时候特别注意。